高等职业教育"十二五"规划教材

烹饪装饰艺术

PENG REN ZHUANG SHI YI SHU

苏志平　主编

王　源　郭红晓　彭红团　董英乐　副主编

U0319375

中国轻工业出版社

图书在版编目（CIP）数据

烹饪装饰艺术 / 苏志平主编. —北京：中国轻工业出版
社，2013.7
高等职业教育"十二五"规划教材
ISBN 978-7-5019-9261-4

Ⅰ.①烹… Ⅱ.①苏… Ⅲ.①烹饪艺术－高等职业教
育－教材 Ⅳ.①TS972.11

中国版本图书馆CIP数据核字（2013）第094220号

责任编辑：史祖福

策划编辑：史祖福　　责任终审：滕炎福　封面设计：锋尚设计
版式设计：锋尚设计　责任校对：燕　杰　责任监印：张　　可

出版发行：中国轻工业出版社（北京东长安街6号，邮编：100740）

印　　刷：北京画中画印刷有限公司

经　　销：各地新华书店

版　　次：2013年7月第1版第1次印刷

开　　本：787×1092　1/16　　印张：18.5

字　　数：414千字

书　　号：ISBN 978-7-5019-9261-4　定价：39.00元

邮购电话：010-65241695　传真：65128352

发行电话：010-85119835　85119793　传真：85113293

网　　址：http://www.chlip.com.cn

Email：club@chlip.com.cn

如发现图书残缺请直接与我社邮购联系调换

091026J2X101ZBW

近年来，我国的烹饪高等教育得到快速发展，国内出版了众多有关烹饪方面的专著和教材。然而，非常适应高等职业教育院校烹饪专业教学需要的教材并不多见。很多教材存在理论太专、实践过泛、缺乏理论支撑等缺陷。对于高职高专的学生来讲，过深的理论不太适应职业教育的教学要求，实践太泛又无法满足学生对专业知识的需求。

面对这一现况，结合我国高等职业教育的特点和实际情况，组织烹饪专业的高校教师和行业领军人物，同时又是活跃在生产第一线的专业技术人员，结合职业教育双证课程的教学要求，共同编写了本教材，旨在为我国烹饪专业高职教育的发展提供一些帮助和贡献。

烹饪装饰艺术是高职高专烹饪工艺与营养专业的一门重要课程，其前身课程名称为食品雕刻，烹饪装饰艺术教材比较全面地阐述了烹饪过程中菜肴装饰美化的理论知识，同时力求理论与实践比例适当，与同类教材相比安排了较多的实践内容，体现了理论联系实际的特点。在编写本教材时我们力图反映烹饪装饰发展的最前沿的教学内容，原则上选编了实用性强、特色鲜明、影响较大、技术成熟、适合教学的代表内容。同时对实践内容的制作方法、注意事项、成品特点和练习题进行了着重编写，突出教学重点和难点，启迪学习者深入思考。

本教材主要介绍了造型基础、食品雕刻、面塑、巧克力雕、糖艺、盐塑、琼脂雕、冰雕、瓜雕、泡沫雕、黄油雕、菜肴盘饰的内容。

参加本教材编写的人员有河南牧业经济学院（英才校区）食品系副教授苏志平、王源、陈明，旅游系李岩；郑州市商业技师学院旅游烹饪系朱长征、陶进业；烟台市牟平区第二职业中等专业学校董英乐；东方凯越餐饮管理有限公司、郑州新思维分子美食培训中心总经理郭红晓；河南大鹏食艺培训中心主任彭红团、张冰湖。具体分工如下：第一章造型基础理论由李岩编写；第二章食品雕刻装饰技术、第九章泡沫雕装饰技术、第十一章瓜雕装饰技术、第十二章菜肴盘饰装饰技术由苏志平编写；第三章面塑装饰技术由张冰湖编写；第四章巧克力雕装饰技术由郭红晓编写；第五章糖艺装饰技术由彭红团编写；第六章盐塑装饰技术由陶进业编写、第七章琼脂雕装饰技术由王源编写；第八章冰雕装饰技术由朱长征、董英乐编写、第十章黄油雕装饰技术由陈明编写；全书由苏志平担任主编。

本书可以作为全国高职高专院校烹饪工艺与营养专业的教材，还可以作为餐饮培训人员岗位培训教材及自学参考用书。在本书编写过程中，得到了郑州市商业技师学院副院长李顺发、旅游烹饪系主任韩枫和河南餐饮协会同行们的大力支持和帮助；在编写过程中参考了国内众多食雕大师和同行编写的教材和著作，详见书后参考文献。在此谨向他们表示真诚的感谢。

由于时间仓促，学识水平有限，书中疏漏和不足之处在所难免，恳请各位读者批评和指正，以便再版时修订改进。

编者

目 录

CONTENTS

第一章

造型基础理论

[学习目标]

1. 了解基础造型的概念、地位和作用
2. 了解和掌握基础造型的形成和发展
3. 了解和掌握基础造型的意义
4. 掌握基础造型的运用
5. 了解和掌握素描、白描、速写、简笔画、图案、文字的概念、作用、目的以及分类内容和实训
6. 了解色彩的来源、认识与发展
7. 了解和掌握色彩的心理作用
8. 掌握色彩三要素的内容
9. 了解色彩的变化
10. 了解和掌握色彩的搭配
11. 掌握色彩的实际应用

第一节　造型基础知识

一、基础造型知识

基础造型是塑造形体的最基本认识，学习和掌握基础造型知识有利于在工作中塑造更好的形象。在食品和烹饪行业中，关于造型的内容越来越丰富，这就需要提高专业人员的造型水平。因此，对基础造型知识的学习就显得尤为重要。

（一）基础造型的概念

基础造型是指组成自然界中的各种复杂物体的最基础的形态和体态。基础造型的形态有正方形、长方形、三角形、梯形、平行四边形；体态有正方体、长方体、球体、圆柱体、圆锥体、多面球体（图1-1）等。造型艺术是指使用一定的物质材料（如颜料、绢、布、纸张、石、金属、木、竹等），通过塑造可以看见的静态形象来表现社会生活和艺术家情感的艺术形式。其主要审美特征是直观具象性、瞬间永恒性、空间表现的差异性、凝聚的形式美。

图1-1　造型素描

（二）基础造型的形成和发展

人类造型艺术起源于原始社会的旧石器时代，表现在石制原始工具的创造和洞穴壁画上，人类最早的艺术行为就是在日常使用石器上雕刻上飞禽走兽的图案，这也是人类最早的装饰行为，也是人类造型艺术的起源。从我国和西方国家发现的洞穴岩壁上的绘画和一些原始雕刻的考古发现，有很多这方面的证据，如内蒙古阴山岩画中的野生动物、新疆阿勒泰的羚羊壁画和1879年西班牙人在阿尔太米拉石洞中发现了一批由红、黑、黄、暗红等颜料画成的野牛、野猪和野鹿的岩画，总数达150多个。据考证，它们属于旧石器时代，距今已有1.5万年以上。1940年，法国人在蒙蒂尼亚附近发现了由各种颜色的鹿、牛、野马构成的山洞岩画——拉斯科洞窟壁画。在我国，基础造型表现在民间的书法和绘画以及生活中的工具、装饰品的制作等方面，在西方国家基础造型也表现在绘画、雕塑等艺术样式中。在中国新石器时代的磁山、裴李岗等遗址中，都发现了有花纹装饰的陶器。到了公元前4000年左右，在两河流域已经出现了动物和人物的陶像。正是从人类原始状态下的造型艺术活动开始，造型艺术伴随着人类的文明演进，从简单的上古岩画逐渐地丰富和发展，衍变成了由现代绘画、雕塑、摄影和建筑、工艺美术等艺术形式共同组成的一个庞大的艺术家族。

（三）基础造型的地位和作用

1. 基础造型的地位

在我们日常生活中，我们所见到的各种各样的物体，小到一只蚂蚁，大到摩天大楼，都有其基本的形态和组成，通过对自然界各种复杂物体的研究，我们能够更好地认识物体的形体组成，掌握其造型的基本规律，从而为我们在生活和工作中创造新的好的不同形体提供有力的帮助，使我们的世界变得更加美好。因此，研究基础造型就显得尤为重要。

2. 基础造型的作用

（1）基础造型可以帮助我们加深对自然界繁杂形象的理解　自然界的各种事物都有其立体的形象，一般为三维形态，虽然我们时刻都在接触和感受三维形态，但我们更多的却是用平面的思维来思考和表现它们，这就使我们的创造能力受到很大的影响。此外，在立体造型领域，还能使形体产生真实运动，这是二维领域所无法想象和实现的。

（2）基础造型的学习可以提高我们的创造能力　通过对基础造型的学习，可以掌握观察立体、创造立体、把握立体的方法，培养立体创造的创新意识，熟练运用各种材质，创造出富有美感和实用功效的立体造型。

（四）基础造型的意义

基础造型是现代造型设计必备的基础训练，同时也是创造立体构成的科学方法。它既有感性的直觉造型，又有严谨科学的理性分析。学习基础造型的意义在于通过基础造型的理论分析，能够学习和运用基础造型的基本规律，懂得基础造型的基本原理和构成方法，提高对基础造型形成规律及要素的认识。通过对材料媒介的综合运用，独立地开展造型训练。

基础造型的重要性不只停留在造型原理和形式美感、表现方法和材料运用方面，而且要转化为社会成果应用，达到学以致用的目的。在现代设计教育中，如果没有系统的、科学的、立体的创造性思维，很难将立体造型应用到实际生活中，因此基础造型就显得非常重要了。

二、基础造型的内容

基础造型的内容包括素描、白描、速写、简笔画、图案和文字。

（一）素描

1. 素描的概念

广义上的素描，是指一切单色的绘画；狭义上的素描，专指用于学习美术技巧、探索造型规律、培养专业习惯的绘画训练过程。素描被称为"造型艺术的基础"。

2. 素描的工具

素描是用木炭、铅笔、钢笔等，以线条来画出物象明暗的单色画。

3. 素描的分类

现代素描分为全因素素描和结构素描，前者是用明暗表现物体对象的一种方式，后者是用线画出物体的结构的一种表现方式。

4. 素描的作用

素描的学习可以提高我们的观察能力、手的描绘能力和形象思维能力。

素描是其他艺术的必然基础，尤其是水彩、油画、版画、雕刻（浮雕），另外对于平面设计，也是画草图的必要基础。

5. 素描的方法步骤

素描（图1-2）是造型艺术的基础，表现的内容有石膏模型、静物、人物、风景等。素描在训练方法上采用"整体对比法"，运用铅笔、橡皮、画夹、画纸等工具对常见几何形体，如球体、圆柱体、圆锥体、正方体、穿插体进行描绘和研究，掌握其美的造型规律。烹饪中各种常用原料加工的丁、丝、条、块、片等，都属于规则或不规则的几何体，进行素描训练可以使烹饪工作者的造型能力大大提高。素描的方法步骤如下：

（1）画前准备　准备好H型和B型的绘画铅笔、画夹、画纸、小刀、一组陈设在静物台上的石膏几何体组合或静物组合，然后观察物体的形体、结构、特征，选择较好的角度在画面上构图。

（2）勾画轮廓　用简洁、流畅的直线定出所画对象的位置。要注意形体在构图上不能过大、过小、过偏，然后画出物体的大体轮廓、透视、比例、体与面关系等。

（3）深入刻画　画出物体的明暗关系，找出物体的体与面，求得物体的准确表现；明暗的表现由前到后，由深到浅，由主体到背景，使主体具有一定的质感、量感和空间感。

（4）整理完成　从画面大效果出发，做局部的调整，使画面整体协调，处理好主体和客体以及背景的主次关系，避免出现脏、乱、花及喧宾夺主的不良现象，使画面统一、完整。

图1-2　素描

6. 素描对食品雕刻的影响

素描是食品雕刻的基础，食品雕刻是一种造型艺术，如果雕刻者没有经过良好的素描练习，就没有食品雕刻的创作能力和设计能力。一件有创造性的食品雕刻作品，首先要合理设计，再结合原料进行创作，就能使食品雕刻作品在比例、空间构成上的准确性大大提高，使塑造出的食品雕刻作品形象非常逼真、栩栩如生，因此，具备一定的素描造型基础，是提高食品雕刻技艺的前提。

（二）白描

1. 白描的概念

白描（图1-3）是中国传统绘画的基本方法之一，它是用墨线勾描物象而不着颜色的一种绘画技法，仅凭墨线的轻重、刚柔、虚实、浓淡等变化，刻画出物体的形体、质感、量感、立体感等自然物象的神态，省略了明暗调子与色彩。

2. 白描的分类

白描是完全用线条来表现物象的画法。有单勾和复勾两种。以线一次勾成为单勾，有用色墨，亦有根据不同对象用浓淡两种墨勾成。复勾则只以淡墨勾成，再根据情况复勾部分或全部，其线并非依原路刻板复叠一次，其目的是为加重质感和浓淡变化，使物象更具神采。复勾线必须流畅自然，否则易呆板。

图1-3　白描

3. 白描的内容

白描所表现的内容有花鸟、人物、山水、虫草等。白描的主要特征：它不写背景，只突出主体；它不求细致，只求传神；它不尚华丽，务求朴实。

4. 白描训练方法

白描训练方法是临摹优秀的白描范本。白描的步骤如下：

（1）临摹　准备好临摹范本（山水、花鸟、虫草等均可）、铅笔、衣纹毛笔、墨、毛边纸或熟宣纸。把毛边纸或熟宣纸覆在原本上，用铅笔、衣纹毛笔通过透出的笔迹从起笔至运笔到收笔，一丝不苟地照抄描画，这种方法叫摹。临即是对照范本边读边画，基本要求像原本。临摹时要体会所用笔法，如游丝描、兰叶描、铁线描、钉头鼠尾描等手法，尽量表现物象的质感、量感和空间感。

（2）写生　是画者面对物体正确描绘出物体的客观形象。它是初学者和画家锻炼绘画表现技法和积累素材的重要手段。通过长期的写生训练，可以为创作奠定基础。写生可以培养感官的观察力、丰富想象力和艺术表现力。写生可用铅笔、钢笔、碳笔等。写生后，必须做一番资料整理工作，使其成为完整的素材，然后用熟宣纸覆盖，用衣纹笔描绘出写生的内容，即成为白描。

通过临摹和写生，为烹饪造型的创作打好基础。临摹是为了学习章法、技法，写生则训练观察、分析、理解、描绘的能力，使练习者能正确再现物象，搜集整理资料；然后根据立意，将素材加工整理，形成新的画面。同时可运用简化、添加、夸张的手法突出主题，使烹饪造型的内容形象化、标准化，并结合烹饪原料的性质、口味、质地、色彩等及原料加工后的形状设想，组合整理成具有适用性的绘画构图，便于在下一步烹饪造型中运用。

5. 白描与食品雕刻的关系

白描的训练对提高食品雕刻水平有很大的帮助，对初学者来说，白描可以为食品雕刻作品带来预知的效果，最常用的方法就是照葫芦画瓢。进行食品雕刻时，可以用白描的手法在原料表面画出图案，然后进行雕刻。如雕刻冬瓜盅时，要根据宴席和菜肴的主题要求，设计相关的图案，这时可用铅笔在冬瓜表面先画出比例适当的图案，再用画线刀画出明显的轮廓，这样雕刻出的冬瓜盅表面就会呈现出白描形式的雕刻美感。平时，在进行食品雕刻创作时，可以用白描完成草图，经过几次修改，再进行实物雕刻，这样白描的形象就印在头脑中，雕刻时就会得心应手，其作品不会浪费原料，更能准确地表现出作品的美感。因此，练习白描可以为食品雕刻作品的成功起事半功倍的效果。

（三）速写

1. 速写的概念

速写（图1-4）是快速概括描绘对象的一种绘画手法，是培养形象记忆能力与表现能力的一种重要手段。速写训练能培养我们敏锐的观察能力、绘画概括能力、对形象的记忆能力，使我们能在较短的时间内描绘出对象的特征，并能收集大量的素材，为烹饪造型的美化奠定坚实的基础。

2. 速写的工具

速写的工具很多，如钢笔、铅笔、碳铅笔、木炭条、毛笔等。"速写"一方面指捕捉最富表现力的瞬间形象，另一方面寻求高度概括、简练的表现形式与前者相衔接。总而言之，速写是短时间凭瞬间形象用简练的线条扼要地描绘出对象的形体、动作、神态的主要形象特征的一种绘画艺术形式。

3. 速写的内容

速写的内容包括人物、动物、静物、风景、道具等。烹饪中的速写内容以花卉、虫、鸟为多。对于初学者来说，速写是一种学习用简化形式综合表现运动物体造型的绘画基础课程。对于绘画创作者来说，速写是感受生活、记录感受的方式。速写使这些感受和想象形象化、具体化。速写是由造型训练走向造型创作的必然途径。生活中的一切可见对象，都可以作为速写的对象。

4. 速写的步骤

（1）画前准备 准备好铅笔、橡皮、速写本，以花园里的几株月季花或动物园里的几只动物为对象，观察其形体、结构、特征，选择较好的构图位置。

（2）勾画轮廓 用简洁、流畅的线条定出所画对象的位置，注意形体不能过大，也不能过小，然后用较短的时间画出物体的形体和结构特征。

（3）整理完成 根据记忆和画面效果，对不准确的地方加以修改，直到满意为止。

烹饪专业的学生要为进行素描训练、速写训练多创造条件，多做实践。这样能较快地提高审美能力和造型能力，为烹饪造型的创作奠定扎实的基础。

图1-4 速写

5. 速写与食品雕刻的关系

速写的训练可以帮助雕刻人员提高对形象的观察能力、描绘能力和创作能力，通过速写的训练，雕刻人员在进行食品雕刻时就能做到一刀准确的境界，可以大大缩短雕刻的时间，而且可以很好地把握食品雕刻作品的准确性。如：雕刻小鸟时，平时如果经常用笔勾画小鸟的形态，头脑中对小鸟的形象就会深刻，在进行食品雕刻时，用四刀就可以定出小鸟的大形，然后，用很短的时间，就可以雕刻出栩栩如生的小鸟形象。因此，平时练习白描可以为食品雕刻作品的成功起到事半功倍的效果。

（四）简笔画

1. 简笔画的概念

简笔画（图1-5）是通过目识、心记、手写等活动，提取客观形象最典型、最突出的主要特点，以平面化、程式化的形式和简练的笔法，表现出既有概括性又有可识性和示意性的绘画。简笔画写生是观察、分析、概括客观形象的重要手段。

简笔画可以表现各种形象，由于其具有简洁大方、概括提炼、容易记忆、容易学习等特点，所以应该引起我们的重视。

图1-5 简笔画

2. 简笔画的工具

简笔画的工具很多，如钢笔、铅笔、碳铅笔、木炭条等。简笔画和速写一样，一方面指捕捉最富表现力的形象，另一方面寻求高度概括、简练的表现形式与前者相衔接。

3. 简笔画的内容

简笔画的内容包括人物、动物、静物、风景、道具等。烹饪中的速写内容以花卉、虫、鸟为多。

4. 简笔画的步骤

（1）画前准备 准备好铅笔、橡皮、速写本，以花园里的几株月季花或动物园里的几只动物为对象，观察其形体、结构、特征，选择较好的构图位置。

（2）勾画轮廓 用简洁、流畅的线条定出所画对象的位置，注意形体不能过大，也不能过小，然后用较短的时间画出物体的形体和结构特征。

（3）整理完成 根据记忆和画面效果，对不准确的地方加以简化修改，直到满意为止。

5. 简笔画与食品雕刻的关系

简笔画的训练可以帮助雕刻人员提高对形象的观察能力、描绘能力和创作能力，通过简笔画的训练，可以删繁就简，准确概括出物体的形象，这样雕刻人员在进行食品雕刻时就能做到一刀准确，可以大大缩短雕刻的时间，而且可以很好地把握食品雕刻作品的准确性。

（五）图案

1. 图案的概念

图案属于装饰绘画，它是运用夸张、变形等艺术手法对自然界中的动植物形象进行处理，使其具有一定的装饰美感。它运用形式美法则及概括、夸张、减弱、变形等手法来表现主题，使主题具有整齐、条理、简洁、凝练的美感。图案在烹饪中的应用非常广泛，在冷拼造型、热菜造型、面点造型、食品雕刻造型中，它的应用特色更加突出。冷拼造型的各种花卉、虫鸟、风景图案，是运用刀工成形的厚薄大小不等的体块构成不同的造型图案。热菜造型则多利用动植物的自然形象结合烹饪技术创造形象图案。食品雕刻常运用特殊工具在瓜果上雕出图案形象，面点造型则多以图案的立体形式来突出其造型特点。

2. 图案的内容

图案根据表现形式则有具象和抽象之分。具象图案其内容可以分为花卉图案、风景图案、人物图案、动物图案等。抽象图案是指没有具体形象性的图案。

3. 图案的分类

图案造型一般可分为平面图案造型、立体图案造型和综合图案造型三种。

（1）平面图案造型 指在平面上的纹样造型，它没有较大的凸凹感和立体形态。如头巾、手帕、印花布中的图案纹样均属平面图案造型。平面图案造型形式有单独纹样、几何纹样、角隅纹样、适合纹样、古典纹样。烹饪中的"冷拼蝴蝶"、"一品山药"的表面，其图案没有较大的凸凹形态，均属平面图案造型。

（2）立体图案造型 指具有三度空间的立体图案造型，如以自然形态中的花鸟、虫草、山水等为对象的雕、塑、切、拼等所形成的立体图案造型。烹饪造型中的"荷花酥"、"菊花酥"、"朝霞映玉鹅"等均属立体图案造型。

（3）综合图案造型 指具有平面图案和立体图案双重特点的组合图案造型，这种造型在烹饪冷拼中应用较为广泛，如"冷拼蝴蝶"、"万年青"等。

4. 图案的构图

图案的构图包括对称构图和均衡构图。

（1）对称构图（图1-6）在圆形、椭圆形、正方形等内部，围绕中心点或中心线安排图案内容。这种构图端正、工整。

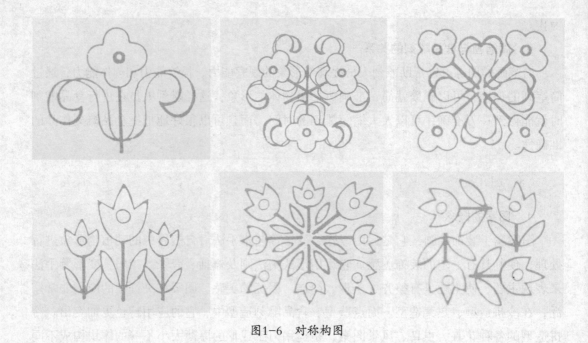

图1-6　对称构图

（2）均衡构图（图1-7）一般比较自然、轻松、活泼，总的感觉是视觉平衡。

图1-7　均衡构图

5. 图案纹样的形式

图案纹样的组织形式有单独纹样和连续纹样两大类。

（1）单独纹样　指具有相对独立性，并能单独用于装饰的纹样、可分为自由纹样、适合纹样、填充纹样、角隅纹样、几何纹样、古典纹样等。

① 自由纹样（图1-8）是一种可以自由处理外形的独立纹样。虽然其外轮廓不受限制，但应做到造型完美、外形饱满、结构严谨。烹饪中雕刻瓜盅的顶部纹样、福寿纹样、花鸟纹样。这类纹样外轮廓自由灵活，图案自由活泼而又不离章法。无论在冷拼造型或热菜造型中，自由纹样都有较广泛的使用价值。

图1-8　自由纹样

②适合纹样（图1-9）是在一定的形态内（如方形、圆形、三角形内）配置的纹样，并使纹样形态和外轮廓相吻合。纹样要求自由、充实、饱满，适合纹样在烹饪造型中应用较广泛，特别是在平面图案造型和综合造型方面，其适用性最强。冷拼造型、热菜造型、面点中的许多图案设计都是以中心适合纹样为基础设计的。

图1-9　适合纹样

③角隅纹样（图1-10）指装饰在角隅部分的纹样，俗称角花。可以单独一角使用，也可对角、上下角、三个角、四个角、多个角使用。

④填充纹样（图1-11）有一定的外轮廓，但纹样不受外形的严格制约，较适合纹样更活泼和自由。纹样可占有大部分或几个局部空间，可部分适合于外形，也可突破少数边线，以达到丰富、生动、活泼的效果。如食品雕刻中的正面图案山水、人物、花鸟等。

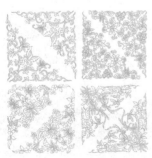

图1-10　角隅纹样　　　　　　　图1-11　填充纹样

⑤ 几何纹样（图1-12）是由点、线和几何形组成，包括几何形本身的变化和几个相同基本形的重叠、组合复合而成的几何形等类型。几何形纹样在烹饪中的应用非常广泛，既适用于菜点造型，也适用于菜点装饰纹样。

图1-12　几何纹样

⑥ 古典纹样（图1-13）是具有古典传统的象征意义的吉祥图案，常见的有太极、八卦、龙珠、福寿、龙凤等纹样。古典纹样在烹饪造型中应用较广泛，特别是一些传统菜肴、面点的造型多采用古典纹样。

图1-13　古典纹样

（2）连续纹样　连续纹样（图1-14）是相对单独纹样而言的。它以单独纹样相互套接，重复排列，成为无限循环的图案纹样。它包括二方连续和四方连续两个种类，其中向两个方向排列的称二方连续，向四个方向排列的称四方连续。

图1-14　连续纹样

① 二方连续是以一个基本纹样为基础，向左右或上下两个方向重复排列而成的带状连续纹样。其中左右连续排列的称为横式二方连续，上下连续排列的称为纵式二方连续，首尾相接成环状排列则称为边框二方连续。横式二方连续图案纹样是烹饪造型中常用的一种格式，既可左右排列、连续，也可首尾连接，构成环状边框连续图案。这种图案在烹饪造型中时有所用。虽称不上用途广泛，但在某些冷拼、热菜造型、面点造型和食品雕刻造型中也有实用价值。

② 四方连续（图1-15）是以一个单独纹样在上、下、左、右四个方向重复排列，并无限扩展的纹样。在烹饪造型中的围边装饰、冷拼、雕刻、糕点装饰中常用到四方连续。四方连续基本上可分为三大类，即散点式、连缀式、重叠式三种。

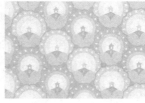

图1-15　四方连续纹样

6. 图案与食品雕刻的关系

在食品雕刻中，应用最广的是中国传统的吉祥图案，在中国民间，流传着许多含有吉祥意味的图案。在年节和喜庆的日子，人们都喜欢用这些吉祥图案进行装饰，表达对幸福生活的向往和对佳节的庆贺，同样，这些吉祥图案（图1-16）应用在食品雕刻中，为我国的烹饪艺术锦上添花，如：嫦娥奔月、马到成功、喜鹊登梅、龙凤呈祥等吉祥图案制作成食品雕刻作品的形象就常常得到顾客的赞誉。

图1-16　中国传统吉祥图案

（六）文字

1. 文字的概念

文字是语言的书写符号，是人与人之间交流信息的约定俗成的视觉信号系统。文字起源于图画。原始图画向两方面发展，一方面成为图画艺术，另一方面成为文字。原始人用图形来表达意思，通常称为"图形文字"。这种图形虽然能交流信息，但是跟语言并无联系。例如，画一个箭头表示"由此前进"，画一个人高举双手表示"欢迎"，大家都看得懂，可是如果用语言来说出图画中的意思，那就各不相同。这样的图形可以说是文字的先驱，还没有成为真正的文字。

2. 文字的内容

文字最初是用观察的形象创造，又称象形文字。象形文字是指纯粹利用图形来作文字使用，而这些文字又与所代表的东西，在形状上很相像。一般而言，象形文字是最早产生的文字。用文字的线条或笔画，把要表达物体的外形特征，具体地勾画出来。例如："月"字像一弯月亮的形状。

象形字来自图画文字，但是图画性质减弱，象征性质增强，它是一种最原始的造字方法。它的局限性很大，因为有些实体事物和抽象事物是画不出来的。因此，以象形字为基础后，汉字发展成表意文字，增加了其他的造字方法，例如《说文解字》中讲的六书是指六种造字方法，即象形、假借、转注、会意、指事、形声。然而，这些新的造字方法，仍需建基在原有的象形字上，以象形字作基础，拼合、减省或增删象征性符号而成。

现代世上最广为人知的象形文字，是古埃及的象形文字——圣书体。约5000年前，古埃及人发明了一种图形文字，称为象形文字。这种字写起来既慢又很难看懂，因此大约在3400年前，埃及人又演化一种写得较快并且较易使用的字体。此外，现时中国西南部纳西族所采用的东巴文和水族的水书，是现存世上唯一仍在使用的象形文字系统。

中国最初的文字就属于象形文字。汉字虽然还保留象形文字的特征，但由于汉字除了象形以外，还有其他构成文字的方式，而汉字经过数千年的演变，已跟原来的形象相去甚远，所以现在的汉字不属于象形文字，而属于表意文字。然而，甲骨文和金文亦算是象形文字。此外，玛雅文字的"头字体"和"几何体"亦是如此。

3. 文字的分类

从基础造型的角度我们把文字分为汉字美术字和外文美术字。

（1）汉字美术字　汉字美术字主要是以宋体字、黑体字为基础，自由体和创作字体以前两者为变化依据。宋体字是中国美术字中最完美的一种，铅字中历史最长。对于初学美术字的人，以宋体开始最为合适。宋体还分为老宋、仿宋等；黑体字已经成为除宋体字外最被人喜爱的文字造型，字体单纯，富有现代感，可分为方体、长美黑体等；自由体是除了现有印刷体外的所有变体美术字以及楷书、书法字体；创作字体是指纯设计字体，这种设计不以实用为目的，但可以寻找适当场合应用。要写好美术字要掌握好横平竖直、笔画统一、上紧下松、大小一致。设计美术字时要注意美术字书写的正确性、适用性、艺术性。

（2）外文美术字　外文美术字是指拉丁字母，拉丁字母是由古埃及的象形文字演变而来的，按照语音记录语言，从A到Z顺序排列的26个一套的拼音字母，流行于世界上许多国家，尤其是英文语系的国家，所以也有人称作英文字母。我国的汉语拼音也用的是这套字母，从字形上可分为罗马字体和现代自由体，有大小写之分。

4. 美术字的写法

美术字的书写要有一定的步骤和方法，汉字与拉丁字母的写法略有不同，但步骤基本一致。首先打格，汉字打成方格，每个字的大小要完全一样，注意留出间距和行距。拉丁字母只能打出线格，每个字的大小都略有不同。其次是布局，用铅笔将笔画用单线均匀分布。注意间架结构的合理布局。再次是绘写，用铅笔将字形勾出，准确后先打出直线部分的墨线，曲线部分不能用直尺，要徒手用毛笔或鸭嘴笔借助云形板绘写。最后从边缘部分开始填色，修改完成。

常见的汉字美术字主要可以分为宋体、楷书、黑体、隶书体、魏碑、艺术体等。

（1）宋体

福　禄　寿

（2）楷书

福　禄　寿

（3）黑体

福　禄　寿

（4）隶书体

福　禄　寿　喜

（5）魏碑

福　禄　寿　喜

（6）艺术体

福　禄　寿　喜

常见的外文美术字主要是英文字母

A B C D E F·····Z

5. 文字与食品雕刻的关系

在食品雕刻时，有时要雕刻出一些文字，文字分中国文字和外国文字，中国文字又分宋体、楷书、隶书、黑体、艺术体等，好的文字字体的雕刻不仅能表达作者的意愿，更能表达出文字雕刻的美感，如：在食品雕刻中经常会用到福、禄、寿、喜等文字，优美的雕刻文字能和雕刻作品形成完整统一的雕刻作品。

（七）形式美法则

形式美法则是人类在长期的生产劳动实践，包括审美创造和审美欣赏活动基础上形成并发展起来的，按照形式美的法则进行创作，就能把作品塑造得更加完美。

形式美的法则主要有统一与变化、对比与调和、对称与均衡、比例与适度、节奏与韵律以及虚实与留白。

1. 统一与变化

（1）统一　统一是指性质相同或相类似的东西拼置在一起，给人一种一致的感觉。如：上课时全体同学坐在教室里，就是统一，解放军战士集合站队就是统一等等。图案中的统一是秩序的体现，是共性的东西起主导作用。图案中有了统一，才会有完整、周到、稳定、静态等特点，若对其处理不当，就会使图案变得单调、呆滞。

（2）变化　变化是指性质相同或相异的东西拼置在一起，给人造成显著对比的感觉。如：下课时全体同学在教室里活动，就是变化，解放军战士站队解散就是变化等。图案中的变化是设计者智慧与想象的体现。它抓住了事物的差异性并加以发挥。图案的变化具有生动、活泼、动感等特点，若处理不当会显得杂乱。

统一与变化是一切形式美的基本规律。在食品雕刻中通过统一与变化的应用，表现出作品适合大众的审美观，具有广泛的普遍性和概括性。食品雕刻作品的设计要体现出统一与变化性，在一件食品雕刻的作品里要完美地体现统一性与变化性。

2. 对比与调和

（1）对比　对比就是事物之间的差异性，在相同或相异的事物之间，把任意两个要素相互比较时，就会产生远近、大小、明暗、疏密、硬软、浓淡、动静的对比因素。将这些对比因素编排在同一作品之中，就能够创造出最简单、最明快的对比关系，产生强烈的平面视觉效果。

（2）调和　调和就是事物之间的近似性，它是事物相互比较时所产生的共性。造型设计中的调和就是在视觉上创造对比的和谐，按照相互协调的原则编排各要素，以形成作品的和谐基调。在造型设计中，如果对比的要素过多，就会产生逻辑上的冲突，作品的基调就会变得模糊不清。因此，调和的处理就要将对比要素挑选出来，有所取舍，突出重点。

对比与调和是相辅相成的，要注意相互之间关系，不能过度。例如，在食品雕刻中设计作品要有层次感，形成强烈的对比，内容上的联系又产生调和。强烈的动静对比、强烈的反差对比、直观的对比，使主题更加突出。通过对比的处理，使图案形象具有多样性，才会有醒目、突出、生动的效果：但对比过度，便会失去平衡、美感，所以对比时要注意"照应"。食品雕刻中的每一件作品都要考虑整体与局部的对比、局部与细节的对比与调和关系等。

3. 对称与均衡

（1）对称　对称是以垂线为轴线的左右平衡，以水平线为轴线的上下平衡和以对称点为中心的放射平衡。对称的特点就是表现稳定、平衡和完整。

（2）均衡　均衡是一种等量不等形的平衡，均衡表现的不是物理量上的平衡，而是感觉上的平衡。在设计中，图形与文字、图形与图形、色彩的明度与纯度、人与动植物、物体的运动与静止均可以表现出一种均衡。因此，均衡形式的运用特别富于变化，其灵巧、生动的表现特点是对设计者创造力的一种体现。

在食品雕刻中，几何体作品，包括作品的雏形都需要对称与均衡。例如，雕刻一座古塔，古塔本身利用对称进行调节，但只有对称就会显得作品单一、没生动感，那么在古塔周围放上一些雕刻的花草进行点缀，这样均衡感就有了。所以均衡会使作品显得更加有趣味，富含创新理念。

4. 比例与适度

（1）比例　比例是指事物整体与部分，部分与部分之间的一种比率关系。优秀的造型作品，首先要具有符合审美规律的比例感。这并不需要精确的几何计算，只是直观判断在视觉上是不是让人感到舒服即可。如人体的黄金比例为1:0.618。

（2）适度　适度就是人根据生理或习惯的特点处理比例关系的感觉，也是设计师从视觉上适合读者视觉心理的处理技巧。良好的比例控制是造型设计者最基本的艺术修养与审美情趣的体现。

在食品雕刻作品中，比例与适度虽然容易理解，但不容易掌握，在实际应用中会有一定难度，比例关系处理不好，雕刻出的作品就会与原物体不像，使人看起来非常别扭。例如，雕刻一位寿星，头部、身体、拐杖等部位雕刻得都较好，但就是"不像"，这就是因为比例没有控制好。

5. 节奏与韵律

（1）节奏　节奏来源于音乐术语，它是把作品中的各要素按照连续、大小、长短、明暗、形状、高低等所做的规则排列形式。例如，文字的重复，相同形状和大小的图形的重复，图形位置变化的重复等，它能够引发人们对平面节奏美的体验。

（2）韵律　韵律是一种律动起伏变化的表现形式。在设计中把各要素的轻重、强弱、明暗节奏进行不同协调的变化，以表现不同的设计情调，意在通过对某种规律的变化创造一种新的形式美。但是对韵律变化要把握好一定的度，否则，就会失去秩序感、节奏感以及韵律带给人的美感。通过以下几种方式可以营造节奏感。

① 利用方向的渐变，可以营造跳跃的节奏。

② 通过方向和疏密的变化，产生轻重缓急的节奏。

③ 通过排列形式的变化，产生由静到动的节奏。

节奏与韵律在食品雕刻中表现得较多，但是表现较好的不多。也就是说在不同的作品制作中都会出现节奏和韵律的现象，这可以说是一个步骤，在这个步骤中运用得当，作品会有一种强烈的视觉冲击感、增加艺术性。艺术的灵感源于生活，生活中的点滴小事都会激发雕刻者的设计灵感。

6. 虚实与留白

（1）虚实　虚实是平面空间的一对矛盾统一体，"虚"就是指虚形，它是对心理空白的比喻，"虚"并非空白无物，只是它的存在被弱化了。而"实"就是指实形，它是平面中看得到的图形、文字和符号等。虚实关系是对造型的整体感觉的判断。

（2）留白　留白就是处理"虚"的具体方法。留白的形式、大小、比例，决定着作品的感觉。它最大的作用是使主体更能引人注意。在平面编排中巧妙地利用大量空白衬托主题，就会起到集中视线和创造平面的空间的作用。以下是几种表现虚实关系的手段。

① 左空右满，形成一虚一实的独特空间关系。

② 左动右静的构成，也是表现虚实关系的手段。

③ 黑白各占1/3的面积，为中间的主题创造了强烈的表现空间。

④ 黑白比例相同时也会产生一种辩证的虚实关系。

⑤ 留白烘托主题，渲染气氛，强调个性。

虚实与留白在书画上用得比较多，在食品雕刻中主要用在平面雕刻和花色拼盘方面，有时在餐饮展台中也会出现。如果作品内容太多，显得拥挤杂乱，太少显得空旷单调，该多不能少，该留的不能舍。在食品雕刻作品中有平面雕刻和瓜雕等技法，这里就会用到虚实与留白。

第二节　色彩基础知识

一、色彩基础知识

（一）色彩的来源

色彩来源于光。自然界中的光源很多，主要有阳光、月光等。太阳是标准的发光体，太阳光一般为白色。一束太阳光通过三棱镜后，被折射成各种颜色组成的彩色光带，形成红、橙、黄、绿、青、蓝、紫七种色光。这七种色光通常被称为标准色。这七种色光混合形成白光。可见，色彩是从光中来，如果没有光，我们就看不到颜色。在黑夜里或暗室里没有光线照射时，我们就看不到物体的形状，也就看不到物体的色彩。

（二）色彩认识与发展

色彩学是一门年轻的学科，它在19世纪才形成较为独立完整的体系，要真正掌握色彩的规律，除了要熟知理论知识以外，还要在实践中掌握各种技巧。

色彩始于光，也源于光，包括自然光与人工光。光线微弱的话，色彩也就微弱;光线明亮的地方，色彩就可能特别强烈。当光线微弱的时候，如黄昏和黎明，不容易辨别不同的色彩。在明亮的光线和阳光下，如在热带气候下，色彩看来就比原色更加强烈。

英国科学家牛顿在划时代的实验中，明确了光与色的关系。牛顿将太阳光从窗户的细缝引入暗室，让光通过三棱镜产生折射现象，当折射光映在白色屏幕上时就显现出彩虹一样美丽的色带。这个光的折射所产生的色带称作光谱色，是以红、橙、黄、绿、青、蓝、紫这七色顺序排列。在这之后法国化学家佛鲁尔及斐尔德认为蓝是青与紫之间的色彩，所以改为红、橙、黄、绿、青、紫六个标准色。由于光波的不同，折射角度的不同，会带来色彩差异。因此，我们就以光谱色来判断和确定色彩。

现代社会的发展，各个行业对色彩的认识越来越重要，色彩在不同的领域，发挥了极大的作用。

（三）色彩的心理作用

色彩学家伊顿在《色彩艺术》中讲了一个故事，一位实业家举行舞宴，招待一些男女宾客，当快乐的宾客围住摆满美味佳肴的餐桌就座之后，主人打开了红色灯光照亮了整个餐厅，肉食看上去颜色鲜嫩，给人增添了食欲；主人又打开了蓝色灯光，烤肉显出了腐烂的样子，来客都像是发了霉，宾客立即倒了胃口，来客都像行尸一样，人们急忙欲起身离开餐厅，没人再想吃东西了；主人又笑着开了白色灯光，聚餐的兴致很快又恢复了。此例说明色彩对人们心理能够产生不同的影响。

1. 色彩具有进退与缩胀的特性

纯度高的色彩刺激性强，对视网膜的兴奋作用大，有前进感，膨胀感。而纯度低的色彩刺激弱，对视网膜的兴奋作用小，有后退感、收缩感。明度高的色彩色光量多，色刺激大，有前进感、膨胀感。而明度低的色彩光量少，色刺激小，有后退感、收缩感。红、橙、黄色波长，有前进感、膨胀感。而蓝、蓝绿、蓝紫等色波短，色彩有后退感、收缩感。暖色有前进感、膨胀感，冷色有后退感、收缩感。

2. 色彩具有轻重与软硬的特性

明度低的色彩显得重，有硬感、收缩感。明度高的色彩显得轻，有软感、膨胀感。在同明度、同色相条件下，纯度高的色彩感觉轻、软，有膨胀感。纯度低的色彩感觉重，有硬感、收缩感。

3. 色彩具有华丽与朴素的特性

纯度高的色彩给人华丽感觉，而纯度低的色彩给人朴素感觉。明度高的色彩给人华丽感觉，而明度低的色彩给人朴素感觉。暖色给人华丽感觉，而冷色给人朴素感觉。

4. 色彩具有积极与消极的特性

影响色彩情感最明显的是色相，其次是纯度，再次是明度。红、橙、黄等暖色是最令人兴奋、鼓舞的积极色彩，而蓝、蓝绿、蓝紫等给人的感觉沉静、忧郁，是消极色彩。纯度高的色彩给人的感觉积极，而纯度低的色彩给人的感觉消极。高明度的色彩（同纯度、同色相）给人感觉积极，而明度低的色彩（同纯度、同色相）给人的感觉沉静、稳重、消极。但明度高低与色彩的积极、消极的关系比较复杂，随着具体的纯度、色相的不同而不同。

（四）色彩三要素

1. 色相

色相是指色彩的相貌，也叫色的名称。最初的基本色相为：红、橙、黄、绿、蓝、紫。生活和工作中红花的色相是红色，绿叶的色相是绿色。

2. 明度

明度是指色彩的明暗深浅程度。红、橙、黄、绿、青、蓝、紫中，黄色最亮，紫色最暗。在烹饪中有时要增加菜肴的明度来提高菜肴的视觉审美。

3. 纯度

纯度是指色彩的纯净程度。也是色彩的饱和度，标准色纯度最高。纯度较高的色彩鲜明突出，但容易使人感到单调刺眼，纯度降低一点，色感则柔和。要降低某一色的纯度，可以在这种颜色中加入其他的颜色。在烹饪中有时可以通过烹调方法提高原料的纯度和明度，使原料色泽显得更美观，如绿色蔬菜正确焯水后，墨绿变成鲜绿。

（五）色彩的内容

1. 三原色

所谓原色（图1-17），又称为第一次色，或称为基色，即用以调配其他色彩的基本色。一般来说，我们把红、黄、蓝三色称为三原色。原色的色纯度最高，最纯净、最鲜艳，可以调配出绝大多数色彩，而其他颜色不能调配出三原色。三原色分为两类，一类是色光三原色，称为加色法三原色；另一类为颜料三原色，又称为减色法三原色。

2. 三间色

三间色由两种原色调配而成的颜色，又叫二次色。红、黄、蓝是三原色，橙、绿、紫是三间色。红加黄变橙，红加蓝变紫，黄加蓝变绿，所以橙、紫、绿则是三间色。

3. 六复色

六复色由三种原色按不同比例调配而成，或间色与间色调配而成，也叫三次色，再间色。因含有三原色，所以含有黑色成分，纯度低，复色种类繁多，千变万化。

六复色（图1-18）为黄橙、红橙、红紫、蓝紫、蓝绿、黄绿。

图1-17 色环

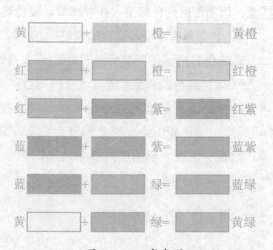

图1-18 六复色图

4. 对比色

在色相环中每一个颜色对面的颜色，称为"对比色（互补色）"。把对比色放在一起，会给人强烈的排斥感；若混合在一起，会调出混浊的颜色。如：红与绿、蓝与橙、黄与紫互为对比色。

也可以这样定义对比色：两种可以明显区分的色彩，叫对比色。包括色相对比、明度对比、饱和度对比、冷暖对比、补色对比等。

5. 固有色

固有色是指物体在正常日光照射下所呈现出的固有的色彩。如红花、紫花、黄花等色彩的区别。从物理学的角度来看，一切物体的颜色都是由于光线照射的结果。但人们在日常生活中还是习惯把物体在正常日光下呈现的颜色称为"固有色"。

6. 光源色

由各种光源，如白炽灯、太阳光发出的光，光波的长短、强弱、比例性质不同，形成不同的色光，称作光源色。如：普通灯泡的光所含黄色和橙色波长的光多而呈现黄色味，普通荧光灯所含蓝色波长的光多则呈蓝色味。那么，从光源发出的光，由于其中所含波长的光的比例上有强弱，或者缺少一部分，从而表现成各种各样的色彩。

7. 环境色

物体表面受到光照后，除吸收一定的光外，也能反射到周围的物体上。尤其是光滑的材质具有强烈的反射作用。另外在暗部中反应较明显。环境色的存在和变化，加强了画面相互之间的色彩呼应和联系，也大大丰富了画面的色彩。对此，环境色的掌握非常重要。

8. 中性色

我们把黑、白、灰、金、银称为中性色。之所以把黑、白、灰、金、银称为中性色，是因这几种颜料能与任何色彩起谐和、缓解作用。黑、白、灰、金、银作为色彩中的一个特殊系列存在于自然界中，应是色彩体系中的一个重要组成部分，无论是在写生中，还是创作中均有其独特作用。

二、色彩的实际应用

（一）色彩的搭配

所谓配色（图1-19），简单来说就是将颜色摆在适当的位置，做一个最好的安排。

色彩搭配的主要方法有相近类似色的组合，对比色或互补色的组合，单一或多种色彩的明度或纯度的渐变组合等。但无论是哪一种方式，皆应协调和平衡。浅色调柔和和浪漫，适合青年

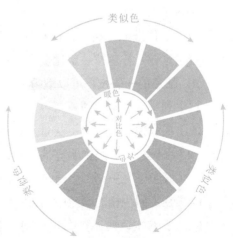

图1-19　色彩搭配图

人；灰色调营造的氛围适合成年人；深色调则给人传统的感觉。每个人都有自己喜欢的颜色，白色和浅色令人感觉比较整洁、时尚和休闲；深灰的色彩让人觉得庄重。

1. 配色的原理

（1）色彩的鲜明性　色彩鲜艳，容易引人注目。

（2）色彩的独特性　要有与众不同的色彩，使得大家对作品的印象强烈。

（3）色彩的合适性　就是说色彩和表达的内容气氛相适合，如用粉色体现女性的柔性。

（4）色彩的联想性　不同色彩会产生不同的联想，蓝色想到天空，黑色想到黑夜，红色想到喜事等，选择色彩要和作品的内涵相关联。

2. 配色的原则

（1）深色和浅色搭配　如黑与白、深绿与浅灰都可以搭配使用。

（2）相似色搭配　如黄与绿、红与紫、红与橙、橙与黄。

（3）同类色搭配　如浅黄与深黄、黑色与灰色的搭配。

（4）冷色与暖色的搭配　冷暖色的关系是依靠对比，由人的自然生活经验而产生，搭配起来也很有特色。

（5）中性色与颜色搭配　黑、白、金、银、灰被称为中性色，它们可以和任何颜色进行搭配。

（6）对比色的搭配　比如红与绿、黄与紫、蓝与橙、黑与白。

3. 和谐的色彩搭配形式

（1）同色系颜色的搭配　即在版面上用同一色系的色彩，仅在色彩的明度、纯度上做相应变化，如青绿、蓝绿、蓝同属中性色系，红、橙、橙黄、黄属暖色系。这些同色系的色彩相配是比较和谐统一的。

（2）相邻色的搭配　亦即使用色环上相邻近的颜色或使用明度、纯度相近的色彩，如黄与绿、蓝与紫的搭配。这类相邻色搭配起来，明度与纯度较为相近，给人的视觉感受相对较和谐统一。

（3）补色搭配　在12种色相环中直径相对的两种颜色是互补色，如红与绿、黄与紫、蓝与橙。这些互补色按一定比例搭配在一起，对比很鲜明，能起到画龙点睛的作用。

4. 配色的一些技巧可以取得事半功倍的效果

以下列举一些常用的技巧：

（1）白、黑、金、银、灰是无彩系能和一切颜色相配。

（2）在配色时，鲜艳明亮的色彩面积应小一点。

（3）暖色系与黑调和，冷色系与白调和。

（4）在不同色相的颜色中加入相同的黑或白就容易调和。

（5）要有主色调，要么暖色调，要么冷色调，不要平均对待各色，这样更容易产生美感。

（6）对比色可单独使用，而近似色则应进行搭配。

（二）色彩的意象

当我们看到色彩时，除了会感觉其物理方面的影响，心里也会立即产生感觉，这种感觉我们一般难以用言语形容，我们称之为印象，也就是色彩意象。

1. 红色的色彩意象

由于红色容易引起注意，所以在各种媒体中也被广泛地利用，除了具有较佳的明视效果之外，更被用来传达有活力、积极、热诚、温暖、前进等含义的企业形象与精神，另外红色也常用来作为警告、危险、禁止、防火等标示用色；人们在一些场合或物品上，看到红色标志时，常不必仔细看内容，即能了解警告危险之意；在工业安全用色中，红色即是警告、危险、禁止、防火的指定色。

2. 橙色的色彩意象

橙色明视度高，在工业安全用色中，橙色即是警戒色，如火车头、登山服装、背包、救生衣等，由于橙色非常明亮刺眼，有时会使人有负面、低俗的意象，这种状况尤其容易发生在服饰的运用上，所以在运用橙色时，要注意选择搭配的色彩和表现方式，才能把橙色明亮活泼具有口感的特性发挥出来。

3. 黄色的色彩意象

黄色明视度高，在工业安全用色中，常用来警告危险或提醒注意，如交通号志上的黄灯，工程用的大型机器，学生用雨衣、雨鞋等，都使用黄色。黄色属于暖色，代表光明、欢悦，色相温柔、平和。在中国过去是帝王的象征色，有高贵、尊严的含义，一般人不得使用。黄色在古罗马也被当作高贵色。东方佛教喜爱雅素、脱俗，常用黄色暗示超然物外的境界，基督教同样作为犹太衣服的颜色；有时黄色也代表娇嫩、幼稚。

4. 绿色的色彩意象

绿色所传达的清爽、理想、希望、生长的意象，符合了服务业、卫生保健业的诉求，在工厂中为了避免操作时眼睛疲劳，许多工作的机械也是采用绿色，一般的医疗机构场所，也常采用绿色来作空间色彩规划即标示医疗用品。绿色是大自然的代表色，象征春天、新鲜、自然和生长，也用来象征和平、安全、无污染，比如我们常说的绿色食品，同时绿色也是未成年人的象征。绿色在西方有另一种含义是嫉妒的恶魔。

5. 蓝色的色彩意象

由于蓝色沉稳的特性，具有理智、准确的意象，强调科技、效率的商品或企业形象，大多选用蓝色当标准色、企业色，如电脑、汽车、影印机、摄影器材等，另外蓝色也代表忧郁，这是受了西方文化的影响，这个意象也运用在文学作品或感性诉求的商业设计中。蓝色给人幽雅、深刻的感觉，有冷静和无限空间的意味，也表示希望、幸福。在西方，蓝色象征着名门贵族。但蓝色也是绝望凄凉的同义语。在日本，也用蓝色表示青年、青春或者少年等年青的一代。同时，蓝色也是联合国规定的新闻象征颜色。

6. 紫色的色彩意象

由于具有强烈的女性化性格，紫色也受到相当的限制，除了和女性有关的商品或企业形象之外，其他类的设计不常采用为主色。紫色也具有高贵庄重的内涵，日本和中国在过去都以服色来表示等级，用紫色是最高级的。至今在某些仪式上仍旧用作紫幕、方绸巾等。在古希腊，紫色作为国王的服装专用色。总之，紫色意味着高贵的世家。

7. 褐色的色彩意象

褐色通常用来表现原始材料的质感，如麻、木材、竹片、软木等，或用来传达某些饮品原料的色泽即味感，如咖啡、茶、麦类等，或强调格调古典优雅的企业或商品形象。

8. 白色的色彩意象

白色具有高级、科技的意象，通常需和其他色彩搭配使用，纯白色会带给别人寒冷，严峻的感觉，所以在使用白色时，都会掺一些其他的色彩，如象牙白、米白、乳白、苹果白在生活用品，服饰用色上，白色是永远流行的主要色，可以和任何颜色作搭配。白色，通常是优美轻快、纯洁、高尚、和平和神圣的代语。自然界中雪是白色的、云是白色的。因此，白色给人以素雅、寒冷的印象；有时也代表脆弱、悲哀之意。不同的民族对它有不同的好恶。中国和印度以白象和白牛，作为吉祥和神圣的象征。日本的老道与和尚喜欢穿白色衣服。西方结婚的新娘穿白色婚纱。相反，中国办丧事却用白色孝服。

9. 黑色的色彩意象

黑色具有高贵、稳重、科技的意象，许多科技产品的用色，如电视、跑车、摄影机、音响、仪器的色彩，大多采用黑色，在其他方面，黑色的庄严的意象，也常用在一些特殊场合的空间设计，生活用品和服饰设计大多利用黑色来塑造高贵的形象，也是一种永远流行的主要颜色，适合和许多色彩作搭配。黑色，代表黑暗和恐怖，寓意死亡、悲哀，属不吉利色。它表示一种深沉、神秘，使人产生凄寒和失望的意念。但把黑和其他颜色相配时却显出黑色的力量和个性，如黑白相衬，显得精致、新鲜、有活力。在黑色衬托下可以使用各种非常刺激的冷暖颜色，因为它有调和色彩的作用。

10. 灰色的色彩意象

灰色具有柔和、高雅的意象，而且属于中间性格，男女皆能接受，所以灰色也是永远流行的主要颜色，在许多的高科技产品，尤其是和金属材料有关的，几乎都采用灰色来传达高级、科技的形象，使用灰色时，大多利用不同的层次变化组合或他配其他色彩，才不会过于素、沉闷，而有呆板、僵硬的感觉。

所有颜色不但具有不同的特性，而且各种色彩之间也产生相关性及相对性。评价一种颜色是混浊还是新鲜、是明快还是暗淡、是寒冷还是温暖，一定要和其他色彩发生相互关系才能进行判断，单独用一种颜色是无法评价的。

（三）色彩在食品雕刻中的运用

在食品雕刻中色彩最好的来源就是自然色，应有效地利用各种果蔬原料的自然色进行搭配制作。在形象生动的食品雕刻作品中，有些作品的整体颜色五彩缤纷，非常生动；有些作品的颜色单一，但非常逼真。作品色彩的搭配还要取决于菜肴和宴席的主题要求。例如，盘头雕刻，作品和菜肴的颜色要有明显的对比度，同时还要考虑菜肴所使用的盛器的大小、形状、颜色等因素。因此，雕刻作品的时候色彩要考虑得非常清楚。

1. 单色作品

在食品雕刻作品中，单色作品表现得要精细、纯度要高，一般用在商务宴席和庆功宴席中。选用的原料有白萝卜、南瓜、芋头、青笋、豆腐等，用一种原料作为主要表现方式。单色作品虽然没有鲜艳的颜色对比，但整体给人一种非常纯洁、别致的感觉，同时对雕刻者来说，是一种刀工的考验。作品整体为一种颜色，观赏者往往会注意作品的形象性和刀工的表现程度。单色作品就是利用精细的刀工、别致的设计来表现的。例如，用洁白的萝卜雕刻一件作品，在灯光照射下，晶莹透亮，犹如玉雕作品，放眼远视可以以假乱真。

2. 双色作品

双色作品在食品雕刻当中可大可小，常说红花配绿叶，就是一种简单的小双色作品的表现，通过颜色对比效果，突出主要部件，以一种颜色来突出另外一种颜色的重要性。例如，用南瓜雕刻一些热带鱼，再配上用白萝卜雕刻的水石，这样就可以突出热带鱼的形象性。

3. 多色作品

多色作品是以多种不同颜色的原料进行设计雕刻的作品，往往以鲜明的色彩冲击来吸引观赏者的眼球。在《海底世界》作品中，各种颜色的鱼类、水草、水石等组合在一起，五彩缤纷。多色作品以大型雕刻较常见，主题要突出，如以儿童为主题，食品雕刻的作品形式要多样，能够烘托气氛，带来欢乐。色彩方面要鲜明，有对比，选择各种颜色的果蔬原料可以多一些，但不能乱，整体节奏感要强。

4. 调色作品

调色作品是食品雕刻中新兴的一种形式，它不是利用原料的自然色，而是用人工色素进行调色，来达到雕刻者对作品的要求。琼脂雕刻就是满足一些雕刻者对色彩的要求，可调成许多的色彩，雕刻出不同风格的作品。另外，还有上色雕刻作品，利用调好的色浆，倒入喷枪里，对雕刻作品进行喷色，效果也不错。不过这样的雕刻作品在使用范围上有局限性，毕竟是和菜肴进行搭配的，使用时要注意卫生问题。

第二章
食品雕刻装饰技术

[学习目标]
1. 了解食品雕刻的概念、目的和历史
2. 了解食品雕刻的地位和作用
3. 了解食品雕刻的特点
4. 熟悉食品雕刻的类型和表现形式
5. 知晓食品雕刻的训练内容

第一节　食品雕刻理论基础

食品雕刻是我国饮食文化的重要组成部分，也是中国烹饪技艺中的一颗璀璨明珠。它以秀丽端庄的东方特色，跻身于世界厨艺之林，成为中国烹饪文化中的瑰宝。

我国的烹饪技术历来强调色、香、味、形并重，烹制菜肴不仅要重视其营养、味道，还要注重菜肴的造型和色彩这一视觉审美，也就是菜肴的"卖相"。食品雕刻正是在追求烹饪造型艺术、色彩搭配艺术的基础上发展起来的一种菜肴点缀、装饰、衬托的应用技术。

一、食品雕刻的概念和目的

（一）食品雕刻的概念

狭义的食品雕刻是指利用各种专用刀具、采用一些特殊的刀法，将新鲜、卫生的蔬菜、水果等食用原料雕刻成各种造型优美、寓意吉祥的花卉、兽禽、虫鱼、人物、景观等具体实物形象用以装饰、美化菜肴的一门雕刻技术。

广义的食品雕刻属于工艺美术中的艺术雕塑的范畴，它是实用美术的一种，是指利用各种专用刀具、工具，采用一些特殊的刀法，选用能够食用或不能食用的原料（如琼脂、泡沫、巧克力、黄油、白糖等原料）雕刻成各种造型优美、寓意吉祥的花卉、兽禽、虫鱼、人物、景观等具体实物形象，用以装饰美化宴饮环境、突出宴饮主题，烘托宴饮气氛的一门雕刻技术。

食品雕刻同其他美术雕塑创作一样，都有命题、构思、设计、制作的过程。但也有其不同与其他美术雕塑的特性。

1. 原料不同

美术雕塑的原料一般用一些质硬而且较贵重的原料，如玉雕、象牙雕、漆雕等；食品雕刻的原料则多选用蔬菜、瓜果等可食用性原料，由于蔬菜、瓜果品种繁多，形态各异，色泽艳丽、丰富，晶莹透亮，独具美感，有其特有的优越性。

2. 工具不同

美术雕塑所用的工具，钢刃要求高且锋利，有的还用现代化机床、电钻、电锉等进行加工；食品雕刻的工具没有一定的规律，可以根据厨师自身的需要定制，钢刃不必很好，而且携带方便。

3. 用途不同

美术雕塑的艺术性较强，主要是用来收藏、观赏、馈赠等；食品雕刻主要用来装饰席面和美化菜肴，其观赏性大于它的食用性。

4. 制作速度与保管方法不同

美术雕塑制作周期较长，有一定的技术难度，专业技术要求较高，保存较为方便，不易破碎，能永久保存、珍藏；食品雕刻大多选用含水分较多的植物性原料，所以它极易腐烂变质、干瘪，生命力较短，故不能长期保存。由于制作速度快，简洁明了，要求厨师具有高度概括的思维与较强的动手能力。

（二）食品雕刻的目的

食品雕刻的目的是为了装饰、美化菜肴，烘托宴饮环境气氛、突出宴饮主题、增进食欲，使人们在品尝美味佳肴的同时得到一种艺术性的精神享受。

二、食品雕刻的形成和发展

我国食品雕刻的制作，历史悠久、源远流长，由于文字记载远远落后于实际生活，有关食品雕刻形成的准确时期难以考证，但丰富的文字史料还是可以基本厘清其形成与发展的轨迹。

（一）殷商时期

《礼记·表记》中有"殷人尊神，率民以事神，先鬼而后礼"的记载，这说的是早在三千多年前的殷商时期，各代殷王为了加强统治地位，利用敬信鬼神，亲自率领其宰臣们去祭祀他们的祖先，就用牛鼎、鹿鼎等盛器和食器来供奉经精细选料、加工、雕饰的祭品，以示敬意。祭祀以后，参加者便围在那些装满食物的祭器旁尽情吃喝，饱餐一顿。

（二）春秋战国时期

孔子曰"菜不过寸""割不正不食"讲的是对菜肴的形态加工的标准要求。

（三）先秦时期

《管子》记载："雕卵然取之，所以发积藏，散万物。"看来在春秋战国时期我国已经在蛋上开始进行雕画。

（四）魏晋南北朝时期

《荆楚岁时记》记载："寒食禁火三日，造饧大麦粥，斗鸡，镂鸡子，斗鸡子。"《玉烛宝典》云："古之豪家，食称画卵，今代犹染蓝茜杂色，仍加雕镂，递相晌馈、或置盘俎。"据此，可知在魏晋南北朝时，"镂鸡子"的风俗已非常流行。

（五）唐代

唐代的食品雕刻技艺有了很大的发展。食品雕刻逐步从看撰系列中分离开来，并成为酒宴上独特的佳肴及艺术品。唐朝韦巨源招待唐天子的《烧尾筵·食单》中就记载着有"雕酥"，指的是雕刻的酥酪。

（六）宋代

食品雕刻已蔚然成风，据《东京梦华录卷八·七夕》记载，北宋汴京市上，出售的"花瓜"，就是"把瓜雕刻成各种不同的花样"。南宋张俊在绍兴二十二年十一月孝敬宋高宗的筵席中也有大量的雕刻食品，据《武林旧事》所载的食单中有雕花蜜饯一行："计有十二味，雕花梅球儿、红消花、雕花笋、蜜冬瓜鱼儿、雕花红团花、木瓜大段儿、雕花金橘、青梅荷叶儿、雕花姜、蜜笋花儿、雕花帐子、木瓜方花儿。"这份食单表明，当时雕刻的食品原料已扩展到了水果蜜饯，雕刻图案也多种多样，为现代食品雕刻奠定了较坚实的基础。

另据《山家清供》记载：宋时谢益斋将雕花的香橼剖成两只杯子温御酒飨客，雅趣横生，清香四溢。这又是食品雕刻的新发展，不仅可为席面增色，还是一种新颖别致的艺术盛器，可为后人雕刻"冬瓜盅"、"西瓜盅"之先导。

（七）明清时期

食品雕刻技艺在这一时期得到了全新的发展，制作技艺日臻完善。因各种筵席规格和要求不同，食品雕刻随之变化，江苏扬州出现了闻名全国的西瓜盅、西瓜灯。当时非常盛行，技艺相当精湛，原料选择西瓜，采用平面浮雕与镂空突环的雕刻技法，其中的突环更是变化无穷，妙趣横生，令人无不拍手称奇。据记载清代乾隆、嘉庆年间，扬州席上，厨师雕有"西瓜灯"，专供欣赏，不供食用；北京中秋赏月时，往往雕西瓜为莲瓣；此外更有雕冬瓜盅、西瓜盅者，瓜灯首推淮扬，冬瓜盅以广东为著名，瓜皮上雕有花纹，瓤内装有美味，赏瓜食馔，独具风味。这些，都体现了中国厨师高超的技艺与巧思，与工艺美术中的玉雕、石雕一样，是一门充满诗情画意的艺术，至今被外国朋友赞誉为"中国厨师的绝技"和"东方饮食艺术的明珠"。《扬州画舫录》中有关于"西瓜灯"的记载："亦间取西瓜镂刻人物，花卉、虫鱼之戏，谓之西瓜灯。"康熙雍正年间的著名文人黄之隽的《西瓜灯十八韵》曰："瓣少瓤多方脱手，绿深翠浅但存皮。纤锋刻出玲珑雪，薄质雕成宛转丝。"可见当时食品雕刻技艺已相当精湛了。

（八）民国时期

这一时期主要是达官贵人、将相王府的厨师运用食雕技艺展示自己的才华。据民间传说张作霖过生日，其家厨用荸荠刻一"寿"字切成百片用于汤中，张作霖大为高兴，奖赏家厨100元大洋。

（九）新中国成立至今

随着历史的发展，当代的烹饪工作者在继承和发展传统的烹饪工艺基础上，对食品雕刻技艺大胆创新不断进步。从过去只能为皇宫王府、官僚政客、名商巨贾、贵族阶级独嗜，到现在为广大民众所共享。从过去品种单调，制作简单粗糙，到现在品种繁多、技艺细腻。从过去的主题陈旧重复，思想性、艺术性和可食性很难协调发展，到现在题材新颖，在思想性、艺术性和可食性方面有机结合，与时俱进，赋予了食品雕刻艺术新的思想和内容。尤其近半个世纪以来，食品雕刻艺术更是突飞猛进，采用"古为今用，洋为中用"方针，不断地推陈出新，有了突破性的发展，雕刻的种类由单纯的蔬果雕，发展到泡沫雕、冰雕、黄油雕、糖雕等；雕品从过去只用于观赏，发展到既好看又好吃。而且食品雕刻技艺与冷菜拼摆技艺有机地结合起来。1972年寒冬，美国总统尼克松携同夫人，应邀来到我国访问。一天，尼克松夫人到定陵参观游览，工作人员在贵宾休息室摆放了一盆由北京饭店厨师用萝卜精心雕刻的盆花。由于选料得当、造型逼真、技艺精湛，使用萝卜雕刻的牡丹花娇艳鲜红，月季花含苞待放，白菊花亭亭玉立；花枝上的蝈蝈、螳螂栩栩如生。尼克松夫人来到休息室，立即被盆花所吸引。当她得知这些花都是用萝卜雕刻的时候，感到十分惊异，深深地被我国厨师的高超技艺所感动。她说"今天看到了萝卜雕花，我就更喜爱萝卜了"。小小的萝卜花，传播了中美人民的友谊，同时也说明了食品雕刻技艺在我国已经发展到较高的水平。新中国成立初期到20世纪80年代，食品雕刻中雕花技术达到了较高的水平，90年代，食品雕刻的内容和类型越来越广，花鸟、鱼虫、兽禽、建筑、景观和传统吉祥的龙、凤等开始在餐饮活动中出现，并且从厨师队伍中分化出了专业的食品雕刻师，全国相继出现了高级食品雕刻培训班，涌现出一批食品雕刻艺术家，培养出了大批的食品雕刻人才。

当今，食品雕刻已成为人们饮食生活中不可缺少的一部分，无论国宴、大众酒席或是冷餐酒会均少不了食品雕刻，尽管规格、标准和形式不一样，食品雕刻在调节人们生活、增添生活情趣、渲染喜庆气氛、烘托节日乐趣，增进中外友谊等方面，都起到积极的作用。

（十）食品雕刻的发展前景

从当今社会经济发展的状况看，经济越发展，高档星级酒店就多，人的生活水准就越高，就餐艺术水准相对提高，这样对雕刻人才需求量也就加大。现在的酒店对雕刻师的选用，大都是以雕刻速度快、刀法细腻为主，只快不细还不行，因为酒店定桌都是提前预订。但也会遇到即时预订的时候，这时就要刀法快，否则就误事。这些雕刻大都是以中小型盘头雕为主，大型展台用量也很广泛，食品雕刻在一些大型美食节活动中及餐厅的装饰上起到至关重要的作用。

随着我国人民生活水平的不断提高和中国加入世界贸易组织后，国际交往日益频繁，人们对饮食的需求和对生活美的追求有了更高的标准，食品雕刻的艺术之花将更加绚烂多彩。

（十一）国外食品雕刻的发展

食品雕刻在国外的发展以日本较多，日本厨师学习中国的食品雕刻技术后用于其本国的料理，美国的食品雕刻作品在饭店中平时用的较少，一般在万圣节的时候，多由一些艺术家用大南瓜雕刻出鬼怪的形象来烘托万圣节的气氛。在美国，南瓜雕刻师鬼斧神工的怪异作品也极具创意。

三、食品雕刻的地位和作用

中国烹饪历来讲究色、香、味、形、质、意俱全，我们所烹制的菜肴不仅要注重其营养、味道、质感等，还要重视菜品的造型、色彩和意境等视觉审美的因素。食品雕刻是烹饪领域中不可缺少的一部分，具有举足轻重的地位，对点缀菜肴、美化宴席、引诱食欲、促进消化吸收起着重要的作用。

（一）美化菜肴，突出重点菜肴

食品雕刻可以美化一般菜肴，重点突出特色菜肴。

（二）装饰席面，增进情趣，引诱食欲，活跃气氛

好的宴饮席面，由于选料广泛、色泽鲜艳、品种丰富、口味多样、造型优美等特点，使人在视觉和味觉上获得美的享受，顿时食欲大增。尤其是一些造型逼真、色彩悦目，并有食用和观赏价值的食品雕刻制品，使人心旷神怡、兴趣盎然，对活跃饮食气氛起到很好的作用。

（三）融入文化，点明宴会主题

现代餐饮文化氛围越来越强，不同的宴席有不同的氛围，如寿筵、婚宴、新年、升学等宴席可以采用不同的雕刻内容点明宴会的主题。如寿比南山、龙凤呈祥、三阳开泰、金鸡报晓等可以更好地突出文化性。

（四）展示厨师素质和技艺，扩大影响，提高档次，树立饭店形象

食品雕刻可以展示厨师素质和技艺，扩大影响，提高档次，树立饭店形象。食品雕刻的文化性、技艺性、艺术性凸显了现代社会发展中新一代厨师的形象，对于提升人们对厨师职业的认知，提高厨师职业的社会地位有举足轻重的作用。同时对于树立饭店的形象，提高饭店的档次水平有重要作用。

（五）繁荣市场，促进销售，增加效益

食品雕刻制品一旦展示在人们面前，有先声夺人的作用，它不但反映出厨师技术水平的高低，而且显示出饭店的档次和管理水平。所以，很多饭店、酒楼利用食品雕刻展示厨师技艺，突出饭店的经营面貌，从而对招徕顾客、促进销售、增加营业收入起到不可估量的作用。

四、食品雕刻的特点

（一）选料精细

食品雕刻选用的大多数原料必须是新鲜、洁净卫生，具有可塑性的能够食用的烹饪原料。如南瓜、西瓜、萝卜等。

（二）瞬间价值的生命力

由于食品雕刻展示时间短，只能一次性使用，不能重复利用和长期保存，必须现用现雕。可以说，食品雕刻是短暂的艺术或瞬间的艺术。

（三）技术性强

由于食品雕刻的原料水分大，质地脆嫩，所以要求雕刻者刀法纯熟、技艺精湛、操作速度快捷。

（四）艺术性高

食品雕刻的目的是装饰席面、美化菜肴，所以雕刻作品应该造型优美、形象生动、刀法精确、色调明快，使用餐者在品尝美味的同时，在视觉上、情感上得到美的享受。

（五）表现题材丰富多样

食品雕刻的题材在选择上多表现吉祥、美好、健康、轻松、诙谐的内容，与宴席的主题相符，或能建立某种联系，从而使宴会的气氛和谐融洽。

（六）观赏和食用性相结合

某些食品雕刻作品不仅可供欣赏，而且还可以食用。如用西红柿、青椒、熟鸡蛋刻成花篮、小盒，装上肉馅、鱼蓉、虾仁等，加工成熟后，既是美观的艺术品，又是一道美食。

（七）根据时令季节选择不同原料

食品雕刻的季节性是指不同的季节有不同的原料，要能够根据季节的变化选择相应的原料。如夏季选用西瓜比较多，冬季选用萝卜比较多，夏秋季节选用南瓜比较多。

（八）刀具特殊

食品雕刻有专用的特殊刀具，与制作冷热菜的工具和操作有很大的区别，形态小巧、针对性高、适用性强、现代的食品雕刻刀具大多是根据雕刻需要自行设计，具有携带方便、小巧灵便、轻薄锋利的特点。

五、食品雕刻的种类

把食品雕刻按一定标准或从不同角度加以分类，对于我们较系统地了解其制作过程中的全貌和特点，加深对食品雕刻基础知识的理解，掌握其操作规律有十分重要的意义。

各地在制作食品雕刻作品所用的原料不尽相同，其说法也不一样，分类的方法也很多。大致有如下几种方法。

（一）食品雕刻按原料属性分类

1. 果蔬雕（萝卜雕、南瓜雕、冬瓜雕、西瓜雕等）

果蔬雕是用瓜果、蔬菜等食品原料雕刻出栩栩如生的花、鸟、鱼、虫等美好的形象，用以装饰美化菜肴的雕刻技艺。果蔬雕是食品雕刻中的主要组成部分，作品形、色逼真，使用面广。

2. 黄油雕

黄油雕源于西方的食品雕塑，常见于美食节的展台和自助餐酒会。黄油雕给人一种高贵典雅的感觉，能够提高宴会的档次，渲染就餐的气氛，使就餐的环境高雅。

3. 糖雕

糖雕又称糖艺，是西点中的一项基本功，是用白砂糖，糖粉、蛋清等经过加工后雕成不同的惹人喜爱的形象。由于造型美观，加之艳丽的色彩令人耳目一新。

4. 冰雕

冰雕是采用冰雕出各种动物、人物及建筑，极为美丽、壮观。他又能雕刻成盛器，作为菜肴的盛装器皿，还可雕刻成小型花鸟、动物、人物形象等，可用于装饰餐桌，新颖别致、引人瞩目。

5. 巧克力雕

巧克力雕是用巧克力块雕刻出各种花、鸟、鱼、虫，惹人喜爱，造型纯真。大型巧克力雕，先制作好骨架，然后抹上巧克力，再进行雕刻。

6. 琼脂雕

琼脂雕是将琼脂经水泡后，放入容器中，加热溶化后倒入形状规则的容器内加色素调匀，待冷却后雕刻成花、鸟、鱼、虫等形象。其作品晶莹剔透，润泽如玉，艺术观赏形强。

7. 盐雕

盐雕是用盐、淀粉、水、食用色素等原料混合放入特定的模具容器中放入微波炉中加热定型成为作品，常见的有寿星，小孩等。

8. 面塑

面塑是用糯米粉、色素等经加工制作成面塑坯，然后制成花、鸟、鱼、虫等不同的形象，具有色彩艳丽、造型逼真、观赏性强的特点。

9. 泡沫雕

泡沫雕是用泡沫雕刻成大型的人物、动物、植物形象，用以装饰美化宴饮环境。

（二）食品雕刻按表现内容分类

1. 花卉雕

花卉雕是选用新鲜的瓜果、蔬菜等原料雕刻出月季、牡丹、山茶等用以装饰美化菜肴。

2. 鸟兽雕

鸟兽雕是选用新鲜的瓜果、蔬菜等原料雕刻出麻雀、喜鹊、绶带、雄鹰、龙、凤等用以装饰美化菜肴。

3. 人物雕

人物雕是选用新鲜的瓜果、蔬菜等原料雕刻出寿星、渔翁、仕女等用以装饰美化菜肴。

4. 景观雕

景观雕是选用新鲜的瓜果、蔬菜等原料雕刻出宝塔、亭台楼阁、小桥等用以装饰美化菜肴。

5. 鱼虫雕

鱼虫雕是选用新鲜的瓜果、蔬菜等原料雕刻出热带鱼、鲤鱼、金枪鱼、蝈蝈等用以装饰美化菜肴。

6. 容器雕

容器雕是选用新鲜的瓜果、蔬菜等原料雕刻出花瓶、花篮、瓜盅、瓜盒等制成装菜肴的容器。

（三）食品雕刻按表现手法分类

1. 写实雕

写实雕是用写实的手法真实地再现实物的原貌，不夸张，不变形，可视性强。

2. 写意雕

写意雕是把物体的形象概括地表现出来，其形象可夸张、可变形，但形散神不散，雕出的作品要有一定的意境。此法要求较高的技术水平。

（四）食品雕刻按表现形式分类

食品雕刻因受所用原料和其他艺术的影响，可谓是种类多样、形式各异，其表现形式可分为：

1. 整雕

整雕是指用一块整体原料雕刻成一个完整独立的立体造型。如鲤鱼戏水、凤凰牡丹、月季花、荷花等。其特点：具有整体性和独立性，立体感强，不需要辅助支持，而单独摆设，造型上下、左右、前后均可供观赏，有较高欣赏价值。

2. 单件组装雕刻

单件组装雕刻是指用两块或两块以上的原料分别雕刻成形，然后组合成一个完整物体的形象。组装雕刻艺术性较强，但有一定难度。这就要求作者具有一定的艺术造型知识、刀工技巧和艺术审美能力。

3. 多件零雕整装

多件零雕整装是用多块原料（一种或多种不同的原料）雕刻某一（或多个）作品的各个部位（部件），再将这些部位（或部件）组装成一组完整而复杂的群像造型。如鹤鹿同寿、仙女散花等。其特点是色彩鲜艳、形态逼真，不受原料大小、色彩的限制。这种手法适宜组装成大型作品。

4. 浮雕

浮雕是指在原料表面雕刻出向外突出或向里凹进的图案，分凸雕和凹雕两种。

（1）凸雕（又称阳纹雕）　指把要表现的图案向外突出的刻画在原料的表面。

（2）凹雕（又称阴纹雕）　指把要表现的图案向里凹陷的刻画在原料的表面。

凸雕和凹雕的表现手法不同，却有共同的雕刻原理。同一图案，既可凸雕，也可凹雕。初学者可事先将图案画在原料上，再动刀雕刻，这样效果就会更好。冬瓜盅、西瓜盅、瓜罐等雕刻都属浮雕。阴纹浮雕是用V型刀，在原料表面插出V型的线条图案，此法在操作时较为方便；阳纹浮雕是将画面之外的多余部分刻掉，留有凸形，高于表面的图案。这种方法比较费力，但效果很好。另外，阳纹浮雕还可根据画面的设计要求，逐层推进，以达到更高的艺术效果，此法适合于刻制亭台楼阁、人物、风景等。具有半立体、半浮雕的特点，其难度和要求较大。

5. 镂空雕

镂空雕是指用镂空透刻的方法把所需表现的图案刻留在原料上，去掉其余部分，形成透空花纹。如雕刻西瓜灯、宝塔等。

6. 模扣

模扣是指用不锈钢片或铜片弯制成的各种动物、植物等外部轮廓的食品模型。使用时，可将雕刻原料切成厚片，用模型刀在原料上用力向下按压成形，再将原料一片片切开，或配菜，或点缀于盘边，若是熟制品，如蛋糕、火腿等可直接入菜，以供食用。

（五）食品雕刻按用途分类

食品雕刻从用途分大体可分三种类型：

1. 专供欣赏

这类食品雕刻主要有各种内容的看台和看盘。如百花看台、百鸟朝凤看台、鹿鹤同春看台、双龙戏珠看台、园林风光看台等。也有如熊猫戏竹、花枝群鸟、双鹰展翅、骏马奔驰等多种题材的看盘。瓜灯、花瓶、楼台亭塔、各种人物等以各种形式所做的摆设，也都是专供欣赏的食品雕刻。不作食用专供欣赏，是这类雕刻的特点。

2. 欣赏又兼作容器

这类食品雕刻有西瓜盅、冬瓜罐、柑橘盒、番茄盒等。他们的特点是既好看又能作容器使用，使雕刻与器皿二者完美地结合在一起，独具风格。

3. 既可食用又可欣赏

这类食品雕刻有各种瓜果蔬菜刻成的小型刻品及蛋糕、肉糕、鱼糕、各种肠类、各种熟制品、午餐肉、皮蛋的雕刻。其雕刻的特点是，使食品美化以增进食欲。这种雕刻一般较小，午餐肉刻的龙头可分而食之，皮蛋刻的花卉可一口啖之。但有时也有较大的组合，把美馔与艺术有机地结合起来融为一体，如风景形象菜肴。当然这三种类型中也有的很难绝对分开，如：番茄盒、椒盒，它们既可供欣赏又可作容器，同时也可以食用。

这三种类型的食品雕刻，虽然它们的功用不一样，但在装点菜肴、美化宴席这一方面却是异曲同工。

第二节　食品雕刻技能知识

一、食品雕刻的原料及其选择原则

（一）食品雕刻的原料

食品雕刻采用的原料极为广泛，植物性原料有根菜类、茎菜类、瓜果类、叶菜类等；动物性原料有蛋类、肉类、禽类、黄油类等。这些原料在质地、色泽、产地、上市季节等方面各不相同，在雕刻时可因时、因地、因需，选择适当原料。一般来讲，只要质地细密结实、色彩艳丽脆嫩且具有一定的厚度、面积都可以作为食品雕刻的原料。选择时最好选用脆嫩、不软，表皮无伤无筋、无糠心、色泽新鲜、有一定的水分和硬度的原料。现将常用的原料介绍如下。

1. 根菜类

（1）长白萝卜　长白萝卜又称象牙白（图2-1）。其外皮洁白，呈长圆柱形，体大肉厚，质地脆嫩细密，颜色洁白，适用于雕刻洁白的花卉、鸟类等。

（2）青萝卜　长圆形或短圆形，皮青肉绿、质地致密、组织脆嫩、形体较大（图2-2），适合雕刻形体较大的龙凤、孔雀、兽类、风景及雕刻龙舟、风舟和人物及花卉、花瓶等作品。

（3）红皮萝卜　这种萝卜皮红心白（图2-3），质地细嫩，可选用雕刻各种形状的花朵，如月季花、牡丹花等。大而圆的萝卜可雕刻"萝卜灯"。

（4）心里美萝卜　圆球形，体大肉厚、色泽鲜艳、质地脆嫩、外皮呈淡绿色，肉呈粉红、玫瑰红或紫红色，肉心紫红（图2-4）。由于它的颜色与某些花朵相似，所雕出的花形逼真，适合于雕刻各种花卉。

（5）胡萝卜　胡萝卜的肉质根为圆锥或圆柱形（图2-5），呈紫红、橘红、黄或白色，肉质致密有香味。

一般适合雕刻红、黄色的小花朵，如梅花、小草菊以及某些大中型花朵的花蕊。也常

图2-1　长白萝卜　　　　图2-2　青萝卜　　　　图2-3　红皮萝卜

图2-4　心里美萝卜　　　　　　图2-5　胡萝卜　　　　　　　图2-6　杨花萝卜

用来雕刻各种飞禽及其喙、爪等。

（6）杨花萝卜　杨花萝卜个小皮红、心白嫩，可雕刻小花朵（图2-6）。

2. 茎菜类

（1）马铃薯　土豆肉厚质脆嫩，呈白色或黄色（图2-7），多用于雕刻花卉。体大肉白者，是雕刻仙鹤的理想原料，因其上色度较好，使用时需用水浸泡，以免变黑。

（2）甘薯　甘薯（图2-8）的肉质块根有纺锤、圆筒、椭圆、球形等形状。皮色有白、淡黄、黄、黄褐、红、淡红、紫红等。肉色有白黄、黄、淡黄、橘红、紫红等。甘薯可用来雕刻小型的鸟、孔雀头、龙爪或花卉等，但其色泽易变黑，需用水浸泡；又因其含淀粉较多，表面干涩，故不常用。

（3）苤蓝　呈圆形或扁圆形（图2-9），肉厚，皮和肉均呈淡绿色，可雕刻花卉、小鸟等。

（4）莴笋　又名青笋（图2-10），茎粗壮而肥硬，皮色有绿、紫两种。肉质细嫩且润泽如玉，多翠绿，亦有白色泛淡绿的，可以用来雕刻龙、翠鸟、青蛙、螳螂、蝈蝈，各种花卉、图案以及镯、簪、服饰、绣球等。

（5）紫菜头　也叫甜菜，通常称糖萝卜（图2-11）。皮和肉质均呈玫瑰红、紫红色或深红色，色彩浓艳润泽，间或有美观的纹路，是雕刻牡丹、荷花、菊花、蝴蝶花等花卉的理想原料。

（6）洋葱　洋葱（图2-12）质地柔软、略脆嫩、有自然层次，洋葱因其色泽美观，可用以雕刻荷花、睡莲、玉兰花、小型菊花。

（7）芋头　芋头（图2-13）质地细密，体形较大，适用于雕刻各种中小型的鸟兽鱼虫等。因其具有天然的色泽并带有黑褐色规则的斑点，若用它作原料雕刻梅花鹿、顽童，则能给作品增色不少。

图2-7　马铃薯　　　　　　　图2-8　甘薯　　　　　　　　图2-9　苤蓝

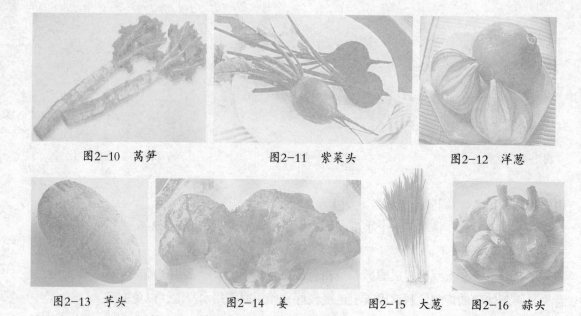

图2-10　莴笋　　　　　　图2-11　紫菜头　　　　　　图2-12　洋葱

图2-13　芋头　　　　　　图2-14　姜　　　　图2-15　大葱　　图2-16　蒜头

（8）姜　姜（图2-14）可做奇山怪石，切丝斩末，做花朵的花蕊、花心等。

（9）大葱　又名长葱（图2-15），葱白细长，圆柱形，外观整齐，组织层次紧密，适用于雕刻小型装饰性的花朵，如小型菊花等。

（10）蒜头　皮白灰，肉质细密洁白（图2-16），可用来雕刻小型的玉兰花等。

3. 瓜果类

瓜果类原料可以利用表面的颜色、形态雕刻出瓜盅、瓜灯、瓜盒、瓜杯等，用来盛装食品、菜肴及起到点缀作用。

（1）冬瓜　冬瓜肉厚实，外形似圆桶，形体大肉厚内空，皮呈暗绿色，外表有一层白色粉状物，肉质青白色。雕刻时多利用其皮内、外对比鲜明的特点，雕刻冬瓜盅或冬瓜灯（图2-17），假山、花篮、大型龙舟、花卉、花篮等。

（2）西瓜　西瓜（图2-18）为大型浆果，呈圆形、长圆形、椭圆形。一般用于雕刻西瓜盅、西瓜篮或西瓜灯等。当前，还出现了利用瓜皮雕刻鸟、兽、虫、鱼的作品，也有的只用瓜的红瓤雕刻金鱼、大理花。

图2-17　冬瓜雕刻作品　　　　　　　图2-18　西瓜雕刻作品

图2-19　南瓜　　　　　　图2-20　黄瓜　　　　　　图2-21　西红柿

（3）南瓜　南瓜（图2-19）嫩时绿色，成熟后外皮可分为棕黄色、黄绿色和红褐色，瓜肉为黄色，由于肉质硕大肥厚，可用来雕刻大型食雕，南瓜适合雕刻黄颜色的花卉如菊花、月季，各种动态的鸟类，大型动物以及人物、亭台楼阁、龙凤呈祥、二龙戏珠、南瓜盅等。因其刀痕清晰，表现作品效果好。因此，南瓜是食品雕刻理想的材料。

（4）黄瓜　黄瓜（图2-20）皮青绿、肉乳白，其瓜皮可雕刻平面图案，作为拼摆陪衬之用；瓜肉可雕小型花卉；其根部致密、色碧绿，是雕刻蝈蝈、螳螂、蜻蜓等昆虫的理想原料。整根黄瓜多用于旋刻双喇叭花或其他点缀性的叶片、花叶等，亦可改做凤尾作盘饰。

（5）西红柿　西红柿（图2-21）按形状可分为圆形、扁圆形、长圆形和桃形。色泽红润光亮，肉质细嫩，一般只利用其皮和外层肉雕刻简单的花卉造型，如荷花、单片状花朵等。

（6）辣椒　辣椒（图2-22）种类很多，有尖头和圆头的青、红辣椒等，辣椒多用于雕刻各种花朵，主要利用其红、黄、白、绿品种的自然色，雕刻小型的单瓣花朵和小型动物，如牵牛花、迎春花、青蛙等灯笼椒可作小盛盅，内放炒好的热菜上桌。

（7）西葫芦　呈长圆形，表面光滑，外皮为深绿色或黄褐色（图2-23），肉呈青白色或淡黄色，肉质较南瓜、笋瓜稍嫩，可雕刻渔舟、人物、花卉、孔雀灯和山水风景等。

（8）茄子　茄子（图2-24）主要用于雕刻企鹅等小动物，利用其表皮黑褐色作其他雕

图2-22　辣椒

图2-23　西葫芦　　　　　图2-24　茄子

刻品的点缀。

（9）樱桃　产于春季，皮肉均呈鲜红色（图2-25），樱桃可刻制小花，常用于拼摆制作。

（10）车厘子　又称美国大樱桃（图2-26），有红、绿两种，晶莹剔透，可雕刻小花，常用于拼摆和装饰点缀。

（11）苹果　有国产和进口之分，品种繁多（图2-27），适合雕刻盅、盒及盘边点缀。

图2-25　樱桃　　　　　　图2-26　车厘子　　　　　　图2-27　苹果

4. 叶菜类

叶菜类原料主要为大白菜（图2-28）和小油菜（图2-29），其颜色有青白、黄白两种，色泽清爽淡雅，有自然层次，常用来作为雕刻菊花等花卉的原料。此外，大白菜也常用来作为花卉、花盆及人物造型衣裙的填衬物。使用时一般剥去外帮，切去上半截叶子，留下半截靠根部的菜梗使用。梗虽脆嫩多汁，但由于纵向纤维较多，施刀时其组织不易脱落。大白菜的根部可雕刻成形态逼真的菊花。

图2-28　大白菜　　　　　　图2-29　小油菜

5. 蛋类

蛋类有鸡蛋、鸭蛋、皮蛋、鹌鹑蛋、鸽蛋等，这些原料通过加热成熟后能雕刻花篮、荷花、小鸡、小鸭等。另外用蛋制成黄、白蛋糕和三色蛋糕，用途更为广泛，可拼制或雕刻成各种各样的动植物形象。

6. 熟食制品类

（1）鸡蛋糕　用鸡蛋黄和鸡蛋清制成。有红、白、黄、绿色，用于雕刻龙头、凤头、孔雀头、亭阁等物以及较简单的花卉。雕刻时要选用面积宽、厚度大、质地均匀细腻、着色一致的糕块。

（2）整只蛋　如鸡蛋、鸭蛋等，加工成熟后，改刀成形，用以点缀鸟的嘴、眼、翅及各种花形、花篮、仙桃、荷花、金鱼、玉兔、小鹿、小猪等。

（3）肉糕类　如午餐肉、鱼胶肉糕等，主要用来雕刻和展示宝塔、桥等作品的轮廓，还可用作翅膀、羽毛等雕刻的辅助材料。

熟食制品主要是经加工、烹调的冷菜，如五香牛肉、卤鸡、油鸡、盐水鸭、酱鹅、卤冬菇等，可雕刻成假山、鸟的羽毛、鱼的鳞片、花瓣、花木草等形态，多用于拼装艺术冷盘。

除上述常用的雕品原料外，还有很多水果、藻类、菌类原料，有的为了雕刻大型雕品，还可采用黄油、冰块、糖液来雕制，所以我们可根据各种原料的质地、颜色、特性、用途来广泛选择原料，从而雕刻出更优更好的作品。

（二）食品雕刻原料选择的基本原则

食品雕刻原料的选择，关系到雕刻的作品好坏。因此，在食品雕刻前选择原料时应慎重考虑到下面的因素：

（1）根据造型大小去选材。

（2）根据作品色泽要求去选材。

（3）根据造型的要求选择质地好的原料。

适用于食品雕刻的原料很多，只要具有一定的可塑性，色泽鲜艳、质地细密、坚实脆嫩，新鲜的各类瓜果及蔬菜均可。另外，还有很多能够直接食用的可塑性食品，都可以作为食品雕刻的原料。

二、食品雕刻的常用工具及其应用

食品雕刻是一种立体造型艺术，它需要一定的工具才能完成。常言说：工欲善其事，必先利其器。要学好或雕刻出好的作品，没有得心应手的雕刻刀具是不行的，由于地区的不同，雕刻风格及手法不同，雕刻的工具种类也不一样，但制作雕刻工具的材料大致相同，多为不锈钢、铜及其他金属材料制成。现将雕刻果蔬原料的主要工具（图2-30）介绍如下。

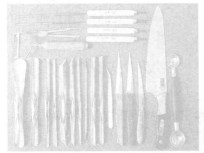

图2-30　雕刻刀具

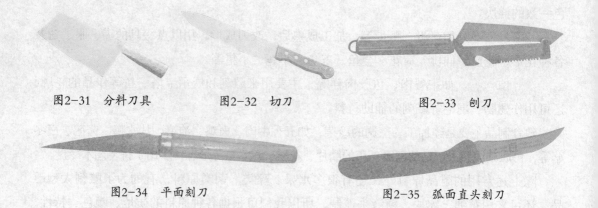

图2-31 分料刀具　　　　图2-32 切刀　　　　　　　图2-33 刨刀

图2-34 平面刻刀　　　　　　　　　　图2-35 弧面直头刻刀

（一）分料刀类

分料刀具（图2-31）刀身大、长，主要用于下料。

（二）刻刀类

1. 切刀

切刀（图2-32）一般用于切段、切块、切条、切丝等，可以横切、纵切、斜切。

2. 刨刀

刨刀（图2-33）有横刨刀和竖刨刀两种，用来刨去外皮。

3. 平面刻刀

平面刻刀（图2-34）可分为两种型号，一号平面刻刀和二号平面刻刀，两者稍有差异。

4. 弧面直头刻刀

这种刻刀（图2-35）的宽度与平面刻刀基本相同，只是其刀面的横断面略呈弧形，有些像木匠用的圆凿。其主要用途是用来旋刨、镂刻圆形和小弧形部位。弧面直头刻刀，用法同直刀。

（三）戳刀类

1. 圆口戳刀（U型戳刀）

圆口戳刀（图2-36）又称U型戳刀，刀刃的横断口是弧形，体长15厘米，中部略扩，便于操作，两端有刃，刀刃前端延长至两沿交界处，便于雕刻时运用自如。可以分为五至八种型号，这里分为四种型号来介绍：

（1）一号圆口戳刀　大头刀刃直径为3.2厘米，小头刀刃直径为2.0厘米，主要用来雕刻花瓣、大羽毛等。

（2）二号圆口戳刀　大头刀刃直径为1.7厘米，小头刀刃直径为1.4厘米，主要用来雕刻花瓣、羽毛、鱼鳞片等。

（3）三号圆口戳刀　大头刀刃直径为1.2厘米，小头刀刃直径为0.9厘米，主要用来雕

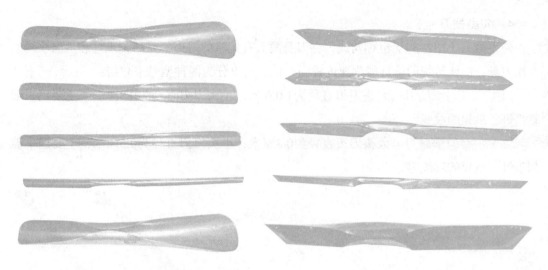

图2-36 圆口戳刀　　　　　图2-37 三角口戳刀

刻花瓣、花蕊等。

（4）四号圆口戳刀　大头刀刃直径为0.7厘米，小头刀刃直径为0.5厘米，主要用来雕刻小花瓣、羽毛等。

2. 三角口戳刀（V型戳刀）

三角口戳刀（图2-37）刀刃横断面呈三角形。一般有五种型号，主要用于雕刻一些带角度的花卉、鸟类羽毛和浮雕品的花纹等。其执刀运刀方法与圆口戳刀相同，常见使用有三种型号。

（1）一号三角口戳刀　大头刀刃直径为1.8厘米，小头刀刃直径为1.4厘米，主要用来雕刻花瓣、大羽毛等。

（2）二号三角口戳刀　大头刀刃直径为1.1厘米，小头刀刃直径为0.8厘米，主要用来雕刻花瓣、羽毛、鱼鳞片等。

（3）三号三角口戳刀　大头刀刃直径为0.7厘米，小头刀刃直径为0.5厘米，主要用来雕刻花瓣、花蕊等。

3. 方口戳刀

方口戳刀（图2-38）刀身与刀刃均呈半正方形的槽形，夹角为90°，主要用于雕刻一些槽线。这里分为两种型号来介绍。

（1）一号方口戳刀　大头刀刃直径为1.0厘米，小头刀刃直径为0.8厘米，主要用来雕刻瓜盅的纹线。

（2）二号方口戳刀　大头刀刃直径为0.6厘米，小头刀刃直径为0.4厘米，主要用来雕刻瓜盅的纹线等。

图2-38 方口戳刀

4. 勾型戳刀

勾型戳刀（图2-39）也称勾线刀，刀身两头有钩状的刀刃，是雕刻瓜灯和瓜盅纹线的专用刀具，能使传统的瓜灯雕刻速度提高几倍。这里分为两种型号来介绍：

（1）一号勾型戳刀　大头刀刃直径为1.0厘米，小头刀刃直径为0.8厘米，主要用来雕刻瓜灯、瓜盅的纹线。

（2）二号勾型戳刀　大头刀刃直径为0.8厘米，小头刀刃直径为0.6厘米，主要用来雕刻瓜灯、瓜盅的纹线等。

图2-39　勾型戳刀

（四）模型刀具

1. 动植物模型刀

它（图2-40）是仿照动物植物的形体，用铜片或不锈钢片制成的象形刀具。

常见的有龙、凤、蝴蝶、金鱼、小兔、熊猫等。

图2-40　动植物模型刀

图2-41　文字模型刀

2. 文字模型刀

它（图2-41）是用铜片或不锈钢片制成的汉字、英文字母等字样的模型刀具。常见的有喜、寿、福、禄等。

（五）其他专用刀具

特种半圆口刀

（1）勺口刀　刀刃呈勺形（图2-42），两头都是圆形刀勺，直径为2～2.5厘米。一般用于挖削、雕刻原料内瓤，也可作雕花朵用。

（2）空心凤尾刀　空心凤尾刀（图2-43）呈空心管状，横断呈桃形，又像孔雀尾羽的形状。大的刀身长6.8厘米，宽3.8厘米，高6.6厘米，较小的刀身长2.2厘米，宽1.2厘米，高4厘米。一共5个，这种刀可作雕刻凤尾、孔雀尾羽及蝴蝶翅膀之用。

（3）画线刀　画线刀（图2-44）刀身长17厘米，主要用来在原料的表面画出图案的形状。

（4）波浪形刀具　主要用来将原料切成水纹状的花刀（图2-45）。

（5）旋花刀　类似于转笔刀（图2-46），通常用这种刀具可以钻出转笔刀样的花卉。

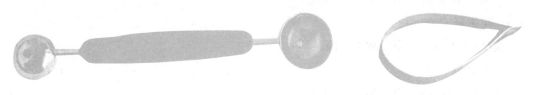

图2-42　勺口刀　　　　　　　　　　　图2-43　空心凤尾刀

图2-44　画线刀

图2-45 波浪形刀具

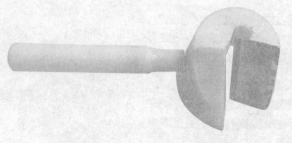

图2-46 旋花刀

（六）辅助用具

1. 圆规

圆规（图2-47）一般用于西瓜上画圆。

图2-47 圆规

2. 牙签

牙签（图2-48）一般用于签接零雕整装的不同部位。

3. 502胶水

502胶水（图2-49）用于粘接零雕整装的不同部位。

4. 相思豆

相思豆（图2-50）用于动物的眼睛。

5. 仿真眼

仿真眼（图2-51）用于动物的眼睛。

6. 花椒籽

花椒籽（图2-52）用于禽类的眼睛。

7. 木刻刀

木刻刀（图2-53）用于果蔬雕的刀具。

图2-48 牙签　　　　　图2-49 502胶水　　　　　图2-50 相思豆

 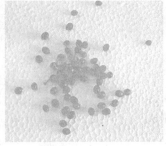  

图2-51　仿真眼　　　　图2-52　花椒籽　　　　图2-53　木刻刀　　　图2-54　竹扦

8. 竹扦

竹扦（图2-54）用于穿插之用。

三、食品雕刻的基本刀法和刀具的磨制

食品雕刻所采用的刀法既有艺术性又有特殊性，因各种原料的性质及雕品的类型不同，所以，我们必须掌握各种不同的刀法，才能雕出优秀作品，现将几种常用的刀法分述如下。

（一）食品雕刻基本刀法

常用的食品雕刻的基本刀法主要有以下几种：

1. 切

它是一种辅助刀法（图2-55），很少单独使雕品成形。一般用平面刻刀或小型切刀操作。

即刀口与砧墩垂直向下用力分割原料的一种刀法。一般用尖头刀或大菜刀进行操作，此刀法不能独立成形，主要配合雕刻前的准备工作，是一种辅助性刀法，根据雕品的需要，有直切、横切、竖切、斜切等方法。

2. 削

削是雕刻前期使用的一种最基本的刀法。主要是将雕刻用的原材料平整光滑或削出所需要的轮廓。一般有推削（图2-56）与拉削（图2-57）两种。即主要用来将原料削至平整光滑及削出雕品的轮廓的一种刀法。削是在食品雕刻中适用最广泛，也是最基本的方法。它既可单独完成某些雕品，也可配合其他方法作精细修饰。操作方法是左手持住原料，右手大拇指顶住刀背或原料，其余四指握住平口刀的刀把，用力向前推削或向后拉削，一刀一刀地削去原料外皮及多余部分，直到削至原料符合雕品所要求的标准为止。

3. 刻

刻是雕刻中的主要刀法（图2-58），用途较广。用直头刻刀、弯头刻刀、圆口刀操作。根据刀与原料接触的角度可分直刻与斜刻两种。直刻是用雕刻刀从上往下刻，斜刻是用雕刻刀倾斜直刻。

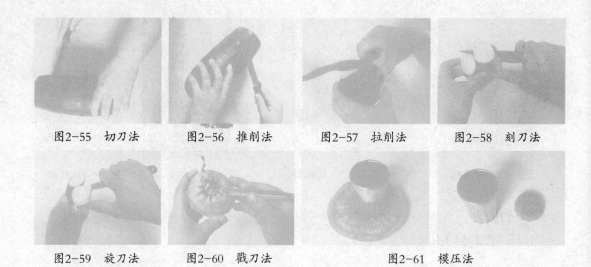

图2-55　切刀法　　　图2-56　推削法　　　图2-57　拉削法　　　图2-58　刻刀法

图2-59　旋刀法　　　图2-60　戳刀法　　　　　　图2-61　模压法

4. 旋

旋是多种雕刻所必需的一种辅助刀法（图2-59），也是一种用途极广的刀法。它可将雕刻品单独旋刻成形。一般用平面刀、弧面刻刀操作。

一般用尖头刀伸入原料中，根据雕品形状的要求，通过旋转的手法将多余原料取出的一种刀法。它不仅可以独立旋出弧度较大的花朵，而且可配合其他刀法作精心修饰。具体操作方法是左手滚动原料，右手握住刀把，刀口倾斜向下，随着刀口的旋转，旋下多余的原料，直到完成雕品，如雕"月季花"、"喇叭花"等。

5. 戳

戳是用途较广的一种刀法（图2-60）。主要用于雕刻花卉和禽类羽毛。一般用戳刀操作。

一般用半圆口刀或V型刀进行操作，主要用于雕刻鸟的羽毛等。具体操作方法是左手托住原料，右手大拇指和食指捏住刀身中部，刀身压在中指上作衬托，根据雕品要求，将刀口向前平推或斜推，有时则需要向下推进。如需花纹要清楚，可用尖头刀修去刀纹下的余料，再继续戳雕，直至完成雕品。

6. 模压

模压即一般用各种模型刀具对准原料，用力按压下去便成为雕品的实体模型的一种刀法（图2-61）。如果是较厚的原料，可切成片状再按压。雕刻的成品主要用来作配料或点缀一般的菜。

食品雕刻基本刀法很多，还有挖、嵌、挑、凿等。要熟练掌握各种食品雕刻基本刀法，才能雕出好的食雕作品。

（二）食品雕刻刀具磨制的方法

现代食品雕刻的刀具制作工艺较以前有很大的提高，一般不用刻意磨制，用一段时间后，可根据情况磨制，需要磨制的刀具主要有以下几种。

1. 切刀

切刀的刀刃分内口刃和外口刃。磨刀时先磨里口刃，要沿刀刃坡度将刀与油石贴紧，不可将刀背抬高或将刀面与油石紧贴。要注意刀刃的坡度。磨外口刃时，将整个刀面与油石贴紧，前后反复摩擦，直至磨快为止。新刀如果没有开刃，先要在粗磨石上磨一磨，然后，在细磨石上磨，这样既省时、又省力。

2. 平面直头刻刀

平面直头刻刀和切刀一样，也分内口刃和外口刃，只是大小面积有所不同。

磨刀时要先磨里口刃，再磨外口刃，磨时要将刀刃的坡面与磨石贴紧，适当加水，反复摩擦即可。

3. 圆口戳刀

戳刀与其他的刀种不同，它的特点是刀刃开在前端，而且刀刃是弧形。圆口戳刀有里口刃和外口刃，磨外口刃时，将刀口放在磨石上，然后随着弧形左右旋转磨，磨好后，为了避免卷刃，再轻磨一下里口刃。磨里口刃时，利用磨石的棱角部位，把弧形刀口反复扣在磨石边角的棱上，左右旋转磨，磨完里口刃，再轻磨几下外口刃，去掉卷刃。

4. 三角口戳刀

三角戳刀也有内口刃和外口刃，磨外口刃时将刀放置在磨石的平面上，刀的角呈30°~40°夹角，先磨刀的一面，然后再磨另一面，磨时要左右横向磨；但一定要注意，若刀与油石面倾斜角度过大，容易造成卷刃，若角度太小，又容易把刀刃斜面磨掉。

磨里口刃时沿着磨石的棱角，前后推拉磨刀，磨完里口刃后，把刀刃翻过来，放在磨石平面上顺势轻拉几下，去掉卷刃。

四、食品雕刻的步骤和方法

食品雕刻应根据自身的特点，按照一定的规律进行操作，才能创作出优秀的作品。一般可分以下几个雕刻步骤：

（一）食品雕刻的步骤

1. 命题

命题就是确定雕品题材。在追求艺术美的同时，要考虑到宾客对象、宴饮的主题、时令的要求等因素，从而达到题、形、意三者高度统一。同时还要注意以下几方面。

（1）雕品题材要满足宾客风俗习惯　各民族均有自己的喜好和厌忌，例如我国婚宴常选用"龙凤呈祥"、"鸳鸯戏荷"；为老人举办寿宴，常用"松鹤延年"等作品为雕刻题材，表示吉祥、祝福的含义。国宴中，应考虑参加国宾客的忌讳和爱好，例如伊斯兰教国家忌用猪或类似猪的动物；日本人忌用荷花；法国人忌用黄色的花等。

（2）雕品题材要有思想性和艺术性　例如，我国领导人举行国宴招待外国友好来宾，雕品常用"百花齐放"、"万年长青"为题材，这样能体现"热烈欢迎"和"友谊长存"的含义，而不能用我国和外国的国旗、国徽、军旗等来作雕品题材。

此外雕品题材要考虑全面性，例如宴席的规格、主题、季节等因素。

2. 选料

选料就是根据题材和雕品类型选择合适的原料。选用什么样的原料雕哪些品种和哪些部位，要胸有成竹，做到大材大用，小材小用，使雕品的色彩和质量均达到题材设计的要求。

3. 定型

定型就是根据雕品的主题思想及使用场合，决定雕品的类型及造型，以及考虑雕品的大小、长短、高低等。

4. 布局

布局就是根据作品的主题思想、原料的形态和大小来安排作品的内容。首先应安排主要部分，再安排陪衬部分，要以陪衬部分来烘托主题部位，使主题更加突出。如雕刻"龙凤呈祥"时先要考虑龙头布置在什么部位，凤头安排在什么地方，云彩怎么安排，这些都要合理布置，否则杂乱无章，无法使整个画面协调完美。

5. 雕刻

雕刻是命题的具体表现，它是最重要的一环，其方法有多种多样，有的需要从里向外雕，有的要从外向里雕，有的要先雕刻头部，有的要先雕刻尾部，这都要根据雕品内容和类型而定。雕刻顺序是：先在原料上画好底稿，刻出轮廓，再进行精雕细刻。

（二）食品雕刻的方法

食品雕刻中采用什么样的方法能够简便易行，节约时间，准确雕出雕刻作品是我们研究的问题，根据实践经验有下面三种方法。

1. 几何法

所谓"几何法"就是将所刻的动物看作是几个最简单的几何体组合。在雕刻之前，把雕刻对象的外形特征分解成几个简单的几何体，如球形、鸡蛋形、三角形、长方形、扇形等，这样在雕刻的时候就会觉得容易很多，这些几何体无论在何种姿势下，都是不改变形状的，它们通过一些软组织连接在一起，并形成了动物和各种动作，雕刻的时候，要保证这些小的几何体的完整，不能被破坏，否则动物的外形就不准了。比如刻一种鸟，无论是什么鸟，都可把鸟的头和身子看作是两个鸡蛋形。有的鸟脖子较长，如仙鹤、凤凰、天鹅、孔雀等，在雕刻的时候可把靠一段柔软的可任意弯曲的水管（也就是脖子）连接；有的鸟脖子较短，如鹦鹉、相思鸟等，你可把它们看作是两个大小不同的套在一起的鸡蛋形。在此基础上加上翅膀、尾巴、嘴等即组成了鸟的雏形。刻燕鱼的时候，你可把它的形状看作是两个三角形套在一起；刻展翅飞翔的大雁，你可把它的身体大形看作是一把调羹，安上两个翅膀即成为大雁；刻鹿的时候，你可把鹿的头看作一个三角形，鹿角看作一段树杈，胸廓、臀部两个部位比较发达，可看作是两个圆。

在雕刻任何一种动物之前，都不要急于下手，先仔细分析一下，看看这个部位像什么，那个部位像什么，怎样组合在一起的，养成这样的习惯后，再雕刻的时候就不会觉得太难了。

2. 比例法

"比例法"就是在雕刻的过程中，把动物各部位的大小和长短等因素用比例形式确定下来，以保证所雕动物外形准确，比例恰当。比如刻人物，人的身长应该是7~8个头长；刻天鹅，天鹅的脖子要与身长相当；刻仙鹤，仙鹤的腿长要占身高的一半左右。要养成用"比例法"对所刻物体进行分析，可有效地防止雕刻中出现比例失调现象。

3. 动势曲线

所谓的"动势曲线"就是最能表现动物姿态变化特点的曲线，我们先将原料切出楔形或厚片形的坯子时，就要在坯子的侧面画出动物的外形轮廓，这时，可先画出动势曲线，然后用"比例法"将动势曲线分段，最先在动势曲线的侧面添加上适当的几何图形，这样，动物的大形轮廓就很容易地勾画出来了。

五、食品雕刻的命名方法

食品雕刻作品完成后，要有一个好的名字，在取名时要浅显易懂、寓意吉祥，能给人以美好的感受。

（一）食品雕刻的命名方法

1. 象征命名法

这是应用最多的一种方法，在我国民俗当中，常将某种动物、某种器官赋予某种吉祥的含义，如龙凤比喻夫妻恩爱，用鸳鸯比喻夫妻对爱情忠贞不渝，在过生日的宴席中常雕寿星、仙鹤等，有长生不老、长命百岁的含义。这种例子比比皆是，如牡丹象征富贵，玫瑰象征爱情，老黄牛、骆驼象征勤劳、吃苦等。

2. 谐音命名法

如"金鱼满塘"的谐音为"金玉满堂"，"吉象如意"的谐音为"吉祥如意"，"吉磬有鱼"的谐音为"吉庆有余"等。

3. 改字命名法

这种方法与上一种有些不同，在原有的词语上略加改动，音同字不同，但是意思变得更加贴切，美好，如由"喜上眉梢"改为"喜上梅梢"，由"莲年有鱼"改成"连年有余"等。

4. 比喻谐音命名法

比如一只正在打鸣的公鸡，脚下加上几朵牡丹花（也叫富贵花），就叫"功名富贵"，雕一只花瓶，插上分别在四季开放的花朵（牡丹、荷花、菊花、梅花），就叫作"四季平安"，平即"瓶"。

5. 典故与传说命名法

我国有很多典故、神话传说、历史故事，如"天女散花"、"愚公移山"、"嫦娥奔月"、"东方朔偷桃"、"麻姑献寿"、"刘海戏金蟾"、"女娲补天"等，都具有美好的含义或教育意义，也可以用于制作展台。例如"天女散花"是指天神把美丽撒向人间，可以用于迎宾或开业庆典，"愚公移山"有不怕困难，人定胜天的含义，可用于"五·一"劳动节、庆功宴等。

6. 吉祥用语命名法

（1）生日祝寿　有福如东海、寿比南山、松鹤延年、双鹤祝寿、南极仙翁、鹤鹿同寿、麻姑献寿等。

（2）婚宴、结婚纪念日　有龙凤呈祥、鹤妻梅子、和合相亲、天作之合、长春白头、龙飞凤舞和梅竹双喜等。

（3）春节、新年、家人团聚　有喜鹊报春、吉庆有余、五谷丰登、飞燕迎春、九龙献瑞、四季平安和万象更新等。

（4）升学、升迁、五一节　有鲲鹏展翅、步踏青云、蟾宫折桂、功名富贵、虎虎生威、龙争虎斗、龙马精神和老骥伏枥等。

（5）情人节、相思　有鸿雁传书、玫瑰飘香、相思河畔、恩恩爱爱、秦晋之好、花前月下和倾诉衷肠等。

（6）迎宾、接风　有百花迎宾、天女散花、孔雀开屏、吹箫引凤、万紫千红、丹凤朝阳和鸟语花香等。

（7）送行　有一帆风顺、马到成功、凤凰宝船、六六大顺、一路平安、风驰电掣和快马加鞭等。

（8）商务洽谈、开业庆典　有财源滚滚、福地生财、皆大欢喜、珠联璧合、招财进宝和人财两旺等。

（9）神话传说、历史典故　有女娲补天、后羿射日、昭君出塞、文姬归汉、西施浣纱、精卫填海和愚公移山等。

（二）食品雕刻题材的应用

1. 吉祥

吉祥是食雕的重要题材，吉有吉利、吉祥、吉庆、善美之意，嘉庆之征。食雕作品都是以吉祥为题材创作的。如"戏珠团龙"、"祥瑞宝瓶"等作品。

2. 富贵

富即财产多，贵即地位高而贵。寓意富贵的有人物、动物、植物、传说等图案。其中牡丹最为典型，它有"花中之王，花姿雍容华贵之美"。如"花开富贵"、"凤戏牡丹"等作品。

3. 喜

喜是欢乐高兴之意，人们都期待生活在欢乐高兴的氛围中，为此食雕许多题材均与喜有关。如"喜上梅梢"、"喜鹊登梅"等作品。

4. 福

它包含幸福、福气、祝福之意。生活幸福是人们追求和向往的重要人生目标之一。祈求幸福也成为食雕中一个十分重要的题材。如"福到莺歌"、"连年有鱼"、"和平是福"等作品。

5. 禄

禄原为福气的意思，后来意指升官，是传统食雕题材，寓意祝愿人们步步高升、飞黄腾达之意。如整雕"指日高升"、"封侯挂印"、"生财有路"等作品。

6. 寿

健康长寿是人们追求的重要目标之一，长寿典故题材繁多。表示长寿的整雕有"寿山福海"、"篮中仙桃"、"八仙祝寿"、"抱桃寿星"等作品。

7. 爱情、婚姻

爱情是人类永恒的题材，许多忠贞不渝的爱情故事时代流传。爱情忠贞、婚姻美满、家庭幸福、子孙兴旺是人们向往和追求的目标。如整雕"牛郎织女"、"龙凤呈祥"、"鸳鸯共济"、"天使莺歌"等作品。

8. 避邪

避邪是一种传统的雕刻题材，从远古的石器时代，到现代文明社会，对人们都有一定影响，这大概是人们的一种愿望。如整雕"聚八仙"、"观音降龙"、"蛟龙出海"等作品。

9. 传说

中国古代传说很多，有的十分动听且感人，给人启示。如整雕"哪吒降龙"、"天女散花"、"牛郎织女"等作品。

（三）食品雕刻造型所表达的意义

1. 人物造型

大多取材于古代的神话、典故的吉祥人物，寓意人间的美好和平，福、寿、善、喜用之广泛，展现对现代人的各种祝福。作品生动、古朴、典雅，增加宴会的气氛，如寿星、渔翁、财神等。

2. 龙的造型

龙造型独特，多是威严高贵的象征，是中华民族的标志。彩画艺人在画龙的实践中，对行龙、坐龙、降龙总结出来"行如弓，坐如升，降如闪电，升腆胸"以及"劲忌胖、身忌短、三弓九曲、十二脊刺"的大致特点。中华民族有龙的传人之说，龙又是权力的代表，封建王朝多称皇帝为真龙天子。有关龙的神话、传说、故事更是层出不穷。

3. 禽鸟的造型

（1）凤 古代被视为神鸟，它是原始社会人们想象中的保护神。居百鸟之首，聚天上之灵气，象征美好与和平。

（2）鹤 食品雕刻中的基本取材，其外表漂亮、洁白，富有仙气。其纯洁、高雅的形态，多用于寿宴。

（3）鹰 气势磅礴、安然翱翔、傲视勇猛。在宴会中多表达刚毅、雄健和鹏程万里的祝福。

（4）孔雀　美丽的象征，华丽、争艳、富贵，增加宴会气氛。

（5）小鸟　在雕刻中用途最广泛，可增加菜肴气氛。常以黄雀、鸽子、喜鹊等为题材，具有感染力。

（6）鸳鸯　爱情的象征，表达情侣相伴。常和喜鹊一样多用于婚宴。

4. 兽的造型

兽的种类繁多，多取材于十二属相，也是食品雕刻师最喜欢雕刻的题材之一，寓意吉祥。

5. 龟、鱼、虾的造型

龟是海中神物，寓意长寿；鱼、虾小巧玲珑活泼，用于宴会活跃气氛，庆贺五谷丰登、幸福生活。

6. 船、灯的造型

船的种类基本以舟、帆船为代表，寓意深刻，其造型古朴、吉祥、典雅、豪壮，通常以一帆风顺为主题。还可作为菜的盛器，美观、别致。灯是光明和希望的象征，种类繁多。宴会中更是不可缺少，能够起到满堂生辉、增加气氛之效果。

7. 花、花瓶的造型

这些表示祝福、幸福平安、美化之意。

六、食品雕刻的注意事项和基本原则

（一）食品雕刻的注意事项

食品雕刻从雕刻开始到最后完成要注意一些问题：

1. 选料新鲜干净

食品雕刻用的原料要新鲜、干净，且必须是常用的可食用的蔬菜水果原料。

2. 精美大方

食品雕刻的刀工要精细，造型要美观大方、比例适当、神形俊俏，有较强的艺术性。

3. 颜色自然、谐调

食品雕刻作品的颜色要讲究自然和谐调。要善于利用原料本身的色彩进行组配，尽量不用色素染色。同时，各组件之间颜色搭配要协调，浑然天成。

4. 防止污染

食品雕刻作品要注意卫生要求，尽量避免重复使用，不要与菜肴直接接触，防止菜肴受到污染，以免给客人留下不良印象，甚至造成食物中毒。

5. 主题鲜明

食品雕刻作品应该选用吉祥如意的题材内容，雕刻作品的主题应与宴会的主题相吻合，力求突出宴会主题，使宴会的气氛和谐、融洽。

6. 应用恰当

食品雕刻作品应用要恰到好处，不要使用过繁过滥，要适可而止，且尽量与宴会规模、档次、就餐者的风俗习惯及文化素养相符合。

（二）食品雕刻的基本原则

食品雕刻是美化菜肴，追求"美食"的一种造型艺术，主要用来烘托饮食气氛，刺激人们食欲，同时使宾主赏心悦目，得到艺术的享受。我们在制作和应用食品雕刻时，应掌握如下几项原则

1. 选用题材的正确性

食品雕刻在选用题材时应根据宾客的风俗习惯、宗教信仰、忌讳或爱好来确定题材，应侧重于祥和、吉庆祝福之类的作品，如喜庆筵席用"宫灯"，寿宴用"松鹤延年"等雕品，这种"此时无声胜有声"的效果，不但得到宾客的共鸣，而且还美化了筵席的场面。

2. 突出原料的优点性

食品雕刻的原料多种多样，有脆性、韧性等，颜色也丰富多彩，有红、白、绿、紫等，在雕刻时根据雕品的形态及品种，灵活运用原料本色的差别和借用原料本色的反差，如雕刻"西瓜灯"、"鱼"等作品，在原料雕刻时对有突出颜色的部分应给予保留，而不宜用食用色素进行调色，只有这样才能体现出原料纯天然本色和食品雕刻的魅力。

3. 讲究雕品的艺术性

食品雕刻的艺术性主要突出两个方面：一是"写实"，即讲究形似，甚至达到以假乱真的程度；二是"写意"，即讲究神似，如复杂的风景、动植物的形象等，采用概括、夸张、变形等手法，以求神似。总的来讲，要根据实用本身的特点，要求构图简洁、雅致，不可肆意堆砌、渲染，大红大绿、庸俗不堪，使人望而生厌。

4. 注重雕品的实用性

食品雕刻的作品要广泛应用到冷菜、冷拼及筵席中去，主要取决于雕品的大小、品种的多样、速度的快慢，一般来说小的雕品适用于点缀菜肴的盘边上，其速度要快；较大的雕品，如整雕和组合雕品适用于筵席及展示用；大型雕品，如黄油雕、冰雕、糖雕适用于大型的冷餐酒会，或用于展示台上。只有注重实用性，食品雕刻作品才能具有较强生命力。

5. 应用雕品的科学性

食品雕刻作品在应用中，应对冷菜、冷拼及菜肴起到衬托或装饰作用，给人以新奇、独特感，主要注意雕品与菜肴在色泽、比例、命名、数量、场合等方面是否科学合理，只有这样，食品雕刻与菜肴才能相映生辉。

6. 雕刻步骤的顺序性

食品雕刻在雕刻时要掌握好先后的顺序性，这样在雕刻时才能节省时间、节省原料、下料准确、心中有数。先后的顺序是先主后次、先大后小、先头后尾、先外后里。

七、食品雕刻的要求

掌握食品雕刻这门技艺，不但要懂得食品原料的选择和各种刀具的熟练运用，而且还要有一定的艺术修养，不断创新，才能雕出主题鲜明、生动逼真、形态优美、色彩明快的雕品。

（一）对食品雕刻原料的要求

食品雕刻原料丰富多彩，常用的有瓜果类、根茎类、叶菜类、蛋品类及熟食制品等，我们既要广泛运用食品原料，又要懂得选择原料。

1. 选择新鲜的原料

食品雕刻在选择原料时要注意原料的新鲜度，选择原料时要挑选脆嫩不软、肉质细密、内实不空、韧而不散的原料为佳。特别是一些植物性原料，如果采摘时间过长，就会发蔫、干瘪，质地绵软，不便雕刻。

2. 要根据雕品的大小与形态来选择原料

雕刻成品有大有小，形状千姿百态，制作者要雕刻出精美的作品，必须学会根据原料的质地（如脆嫩度）、大小、形状、弯曲度、色泽变化等特点，进行构思和创作，选择原料时最好要近乎雕品形状，这样可以减少修整时间，节约原料，使物有所值、物尽其用。

3. 要根据雕品的色泽来选择原料

雕刻成品色彩是五颜六色的，我们最好选用与雕品颜色接近的自然色泽的原料，再略加巧妙的配色，以达到绚烂多彩的效果。同时在选择原料时要挑选脆嫩不软、肉质细密、内实不空、韧而不散的原料为佳。

（二）对食品雕刻刀具的要求

因雕品不同，运用的刀工刀法也不同，使用的刀具也不一样，但各种刀具必须光亮而不锈，刀刃锋利，刀身轻便，使用灵活，有利于雕刻。

（三）对食品雕刻技术的要求

技术的高低是决定雕品成败的关键，要学好这门技术，必须掌握如下几点：

1. 要有一定的艺术修养

要学会绘画、构图等有关美学知识和艺术表现手法，还要在生活中不断观察和积累素材，不断创新，使雕品富有时代气息。

2. 要勤学苦练

在雕刻时做到落刀准确、轻快有力、实而不浮、韧而不重、干净利落、得心应手。只有反复实践刻苦锻炼，才能熟练地掌握各种雕刻的刀工刀法，所以在学习中还要虚心好学，即多看别人的作品，多动脑筋，多动手苦练，多总结经验教训。

3. 要有严格细致的工作作风

食品雕刻所用的原料，大多是比较脆嫩易损的食品，一不小心就会刻坏（如西瓜、冬瓜等），前功尽弃。所以，我们必须耐心细致工作，才能雕刻出理想作品。

（四）对食品雕刻成品的要求

食品雕刻的成品一定要形态逼真、生动活泼，富有情感。对那些既供观赏又具可食性的雕品，既要讲究艺术性，还要讲究食用性，不宜过分地摆弄、触摸，要有时间及卫生的概念。否则给人一种华而不实及不卫生的感觉。在设计雕品时，要根据主题、规格和饮食对象，要有思想性、季节性、针对性、艺术性和科学性。

1. 创意新颖别致

食品雕刻要富有创意，推陈出新，创造新的品种和新奇的意境。

2. 主题突出，形象逼真，具有审美感

在雕刻前应首先确定主题，确保主题突出。做到合理用料、精雕细刻、周密布局、突出主题、富有特色。

3. 品名要吉祥雅致

食品雕刻作品，给人以艺术美的享受，要注意品名有艺术性。

4. 装饰与食用结合，突出菜肴风格

用于冷菜和热菜的食品雕刻造型不可过大，装饰性要强，不可喧宾夺主，要突出食用性。另外，用于大型展台，这些作品主要是烘托气氛，给人以较高的艺术审美性，而不作食用。

5. 讲究卫生

食品雕刻成品，必须讲究卫生，切不可污染。

八、食品雕刻半成品、成品保存的常用方法

（一）食品雕刻半成品、成品保存原理

影响食品雕刻的半成品、成品的"保鲜寿命"的因素，主要取决于温度和氧气两大因素。低温和缺氧的环境能抑制食品雕刻的半成品、成品的消耗，减少表面水分蒸发，减少微生物的污染。

（二）食品雕刻半成品和成品的贮藏

1. 半成品的贮藏

半成品的贮藏须用保鲜纸包好，以免干瘪，不能长时间浸入水中。如室温超过15℃须放入冰箱中冷藏。

（1）包裹保存法　把雕刻的半成品用湿布、保鲜纸或塑料布包好，以防止其变色、水分蒸发。

（2）低温保存法　将雕刻的半成品用保鲜薄膜、保鲜纸包好放入冷藏冰箱或冷藏库保存（以不结冰为好），使之长时间不褪色，质地不变，以便下次继续进行雕刻。

2. 成品的贮藏

食品雕刻中大部分原料都含有很多水分，如果保管不当，极容易变形或损坏，既浪费原料和时间，又会影响宴会的效果，为了尽量延长贮存和使用时间，下面介绍几种保存方法：

（1）矾水浸泡法　就是将作品浸入1%的洁净清凉的明矾溶液中，并避免日照和冷冻（注意保持明矾溶液清澈进明，如发现溶液变混浊，应立即更换同样标准的溶液），这样可以使食品雕刻成品保存较长时间，以备不时之需。

（2）低温保存法　将雕刻好的作品用保鲜膜包好，放入冷藏冰箱保存或将雕刻作品放入装有清水的容器中（水的高度必须没过作品），移入冰箱或冷库，以不结冰为好，使之长时间不褪色，质地不变，延长使用时间。零雕整装的作品，在雕刻各个部分之后，如暂不使用，可先不组装。用以上方法保存起来，待到使用的当天再进行组装。

（3）涂保护层保存法　用鱼胶粉熬好的"凝胶"水来涂刷作品，使作品的表面形成一种透明的薄膜来保护水分，不用时放到低温处存放，这样效果更好。

（4）明胶液贮藏法　就是用明胶液喷涂在食品雕刻制品外表，达到延长保存时间的一种方法。

（5）喷水保湿保存法　应用在较大看台中，展出期间应勤喷水，保持雕刻作品的湿度和润泽感，以防止其干枯萎缩或失去光泽，这样可以延长作品展出时间。

九、食品雕刻展台的设计与制作

（一）食品雕刻展台在餐饮业经营中的意义和作用

食品雕刻展台又称看台、花台。展台是集技能、文化、艺术和地区特色为一体的综合食品雕刻艺术。展台多用于中、高档宴会，尤其是大型宴会、冷餐会和西餐酒会等。用展台装饰宴会，点缀餐桌，不仅能美化餐厅环境，使室内环境增彩，而且有助于美化宴会，活跃宴会气氛，给就餐者以愉悦的心情和审美的享受，从而提高宴会格调和品位。

（二）食品雕刻展台设计制作的主导思想

（1）展台设计制作时要求主题鲜明、内容全面，具有代表性。

（2）展台在设计制作时要能够充分展现和强化企业形象，体现企业精神。

（3）展台在设计制作时还要与整个公关销售工作、企业整体形象树立和宣传有机结合。

（4）展台的设计制作还要富有时代气息。

（三）食品雕刻展台设计制作的常用原材料

1. 主要原料

各种萝卜、土豆、牛腿瓜、西瓜等，红樱桃或红柿椒，芹菜叶、香菜叶、西蓝花、法国香菜，松枝、冬青叶，鲜花（少量）。

2. 配料

食用色素和琼脂。

3. 拼接材料

珐琅盘、竹扦、牙签和塑料泡沫。

（四）食品雕刻展台设计的基本要求

1. 原料要选新鲜干净的蔬菜水果原料

果蔬雕刻的原料要新鲜干净，如萝卜、南瓜、胡萝卜、西瓜、芋头等；不能用其他不能使用的材料（如木材、塑料、金属、陶瓷等）。

2. 造型美观、比例恰当、色调和谐、刀法准确

食雕展台的颜色要尽量利用原料本身的颜色进行搭配，如南瓜、胡萝卜、心里美萝卜以及瓜皮、法国香菜等，避免使用色素染色。

3. 食雕展台的内容要与宴会主题相符

例如过生日，可多雕些"寿比南山"、"鹤鹿同寿"等。结婚宴席可多用"龙凤呈祥"、"龙飞凤舞"等。迎宾或送行，可雕些"孔雀开屏"、"百花迎宾"等。开业庆典、商务洽谈可雕一些"招财进宝"、"财源滚滚"等。

4. 食雕展台的大小要与宴会的规模相符

参加人数多，规模较大的宴会（如招待酒会、开业庆典、婚宴等），制作的展台应大些，复杂些，单独摆放在宴会厅的某个位置上（多用瓜灯、人物、龙凤等组合雕）；如参加人数少，规模小的宴会（如家人团聚、老友聚会、商务洽谈、情人节等）制作的展台应规模小些、简单些，一般都摆在餐桌中间，高度不宜超过30厘米（以免挡住客人视线，影响客人交谈）。

（五）食品雕刻展台制作的步骤

（1）确定主题；

（2）内容构想；

（3）制作准备；

（4）精工细作；

（5）展前布置。

（六）食品雕刻展台设计制作的方法

1. 构思

这是制作展台特别重要的一步，要根据宴席的性质、规模、档次、客人的层次和情趣等因素，设计贴近主题，构思巧妙，创意新颖的展台，不能老套，不能千篇一律。

2. 选料

选料时既要考虑原料的大小、形状，也要考虑原料的品种及季节因素，冬天可多用萝卜、芋头，春季、秋季可多用南瓜、牛腿瓜等，而夏天可多选用西瓜、冬瓜等。

3. 雕刻

这一步最为关键，雕刻这一关做得不好，其他环节的努力都是毫无意义。因此要求厨师有扎实的基本功，娴熟的技法和一丝不苟的工作态度。技术要全面，不仅能雕花鸟类，还要能雕龙凤、牛马、鱼虾、瓜盅、瓜灯及人物等。

4. 组装粘合

现在的展台，无论大小，都需要粘接和组合，有些作品较大是主体配上些小的部件，如凤凰需要粘上翅膀、尾羽、凤冠等；有些作品是若干个小的作品（如鱼、虾、小鸟等）通过假山石、云朵、浪花等粘在一起，形成一个大的作品。因此要准备些竹扦和502胶水，粘接时要注意构图美观、造型生动，不要死板。

5. 摆放装饰

雕好的作品怎样摆在盘中或餐台上，要把作品的最精彩部分展现给客人，作品中的瑕疵部分要想办法用绿叶、云朵等遮挡修饰一下。西瓜灯内可放置一些特制的小灯泡或雾化器以烘托气氛。

另外，较大的展台，需要提前几天就开始雕刻，雕好的部分可用保鲜膜包好，放在3～5℃的冰箱内保存，使用前2～3小时开始组装。

（七）食品雕刻展台制作应注意的问题

展台制作时应注意以下几个问题：

1. 准备要充分

展台制作前要投入足够的人力、物力和时间，在制作工程中不能出现缺少原料或工具的低级失误。

2. 制作要精心

展台上的每一件展示作品在制作时都要求技术人员充分发挥技术特长，全身心投入，切不可出现马虎和粗制滥造的现象。

3. 保鲜要得当

展台的展示时间一般都在一天以上，而饮食产品尤其是热菜和果蔬雕刻展示作品效果往往要受到时间的限制，这就要求作品完成后应当有适当的保鲜措施，以使作品始终保持一种最佳的外观效果。

4. 低成本，高效果

展台在设计时就应该做好分项预算和总预算，制作时要力求低成本、高效果，避免不必要的浪费。

（八）食品雕刻展台制作的原则

1. 先主后次

组装的雕刻作品中，往往以某个题材（或某个部位）为主，其他题材（或其他部位）为辅。这类作品的雕刻，要先抓住主要题材的大形和比例，把主要的部位（整体）雕刻好后再雕刻小的细节部分（局部）。

2. 先大后小

在一组雕刻作品中，两种或两种以上为组合内容的物象以及某一种题材为主要构图内容，在整体构图造型中都占有同样重要的地位，不分主次。在这种情况下，我们在雕刻时就要遵循"先大后小"的基本原则。

3. 先头后尾

在正常雕刻大形（大轮廓）的过程中，一般都是从头刻起，然后逐步向尾部发展，这样雕法较为顺手，较好把握。在雕刻禽鸟的羽毛和鱼的鱼鳞时，也是如此。

4. 先外后里

食品雕刻的原料是立体的，我们所雕刻成的作品也是立体的，存在着里（内层）与外（表层）的关系。雕刻过程中，要先雕物象的表层，然后再依次向里推进，这样才是合理、方便的雕刻方法。

（九）食品雕刻展台的零雕组装技巧

所谓的零雕组装，就是利用一种或多种原料雕刻成整部件和零部件，然后集中组装拼接成完整形体的过程。这个过程也叫零雕整拼（或组合雕）。

食品雕刻的零雕组装，为的是解决某些雕刻原料在体积、大小、长短等方面的不足和颜色上的单调，以使作品显得更加完整大气，色彩更加丰富多彩，从而增加了食品雕刻构图造型的艺术想象空间，为创作雕刻大件作品奠定了基础。零雕组装，工艺复杂，对各个部位的零雕部件与整雕部件比例要适当，即大小、长短、高矮要比例协调。组装时，还要按所构思物象的特定位置准确组装，使作品更加完美统一，从而突出作品的艺术效果。

1. 食品雕刻的零雕组装操作步骤及要领

（1）零雕组装的步骤是　先雕刻主体部件，再雕刻次要陪衬部件，然后雕刻出装饰点缀部分，最后围绕主题构思形象进行组装，既先装主体部分后装陪衬次要部分。

（2）零雕组装的操作要领是　必须注意雕刻构思整体形象及各组部件在颜色和质地上的选择搭配及组合，同时还应注意各个组件之间的比例协调关系。如以"群鹤祝寿"作品为例，首先选用一弯形牛腿老南瓜作为主体部件的构思雕刻形体，将各种姿态的仙鹤的头、颈、身及长腿合理地布局在南瓜上，并逐一用雕刻刀雕刻出各仙鹤的身躯轮廓，再按各不相同姿态的仙鹤形象分别再单独雕刻出仙鹤的双翅，然后用牙签分别插入在不同姿态的仙鹤身上，用相思豆点缀双眼，用半圆片红车厘子点缀仙鹤的丹冠，最后雕刻出仙桃安插在适当的位置，点缀上松针（法国香菜）。此作品主题突出、层次分明、色彩搭配协调自然，由整雕刻组装件拼组而成，其构思实属零雕组装的典范。常见的雕刻作品有"花瓶"、"迎宾花篮"、"水果提篮"、"梅花鹦鹉"、"天鹅"、"白鹭高飞"等，在创作时，大多需要采用零雕整拼的技法进行组合。

2. 零雕组装的技法与技巧

零雕组装采用了食品雕刻中多种技巧进行创作，其主要是先雕刻主体形象，再采用添加的手段，弥补主体雕刻原料形状、长短、颜色上的不足部分，也就是主体部分加陪衬部分与点缀部分的整体组合拼装。它采用了切、削、掏、挖、旋、刻、镂、凿、对接等多种技法与技巧，来完成主体和陪衬的组合。

（1）零雕组装可分为以下几种组合拼装技法

① 在整体形象上添加组装的技巧手法：主要是在主体形象上通过添加翅膀、尾羽等手段来完成组装的作品，如"凤戏牡丹"，首先整雕出"凤凰"的主体形象，再单独取料雕刻出一对展开的双翅，然后单独雕刻一朵牡丹花点缀于花草，最后通过对接、安插技巧进行组装完成。

② 单雕与整雕相互组装的技巧手法：主要是通过各自独立的零雕小组合后，再配以整个作品的大组合装配而组合成完整的意境形象。如创作雕刻"百鸟朝凤"作品，此作品形态各异、复杂多样、组合性强，又要求协调统一于"朝凤"的主题之中，既要求用整雕加组装的技法，又要用零雕小组装再配合整个主题意境大组合装配的要求。先组装雕刻出"凤凰"的主体形象，再分别取料小组装雕刻出鸳鸯、仙鹤、白鹭、锦鸡、相思鸟、鹦鹉、杜鹃、天鹅、黄鹂、孔雀等众多禽鸟形体，再雕刻出所需陪衬点缀物，将主体形象摆放在中心位置，然后摆放形态各异的禽鸟再配以陪衬物和点缀花草，从而突出主题作品"朝凤"的意境来。

③ 纯整雕形体的组合技巧手法：其特点是各自独立，又自成整体的组合装配，例如"群象嬉戏"、"群鹿奔逐"、"金鱼戏水"等作品都采用单独零雕（独立整雕），将各种不同形态的大象、大鹿、小鹿、金鱼分别独立雕刻出各自独立的整体形象，然后根据主题进行组合搭配，再配以花木、水草陪衬点缀，力求使整个作品题意相称、形象生动、自然有趣，给人以意趣盎然的生机活力。

（2）零雕组拼整装的技巧　零雕组拼可采用对接、安插、粘连、镶嵌、摆放等技巧进行组拼整装，如：对接，可用于大型的龙头、龙尾及龙爪，采用竹筷、牙签等进行对接相连，使整个龙身造型完整大气；安插：主要用于大型的禽鸟羽翅、丹冠、腿爪的安装；粘连：可用502瞬间粘合剂或能直接粘住原料的胶水，使零雕部件粘接在特定的位置上进行组装的技巧；镶嵌主要通过零雕部件在整雕部件的夹缝接口处，采用木楔子的原理直接插入夹缝中的组装技巧，此技法主要运用于各种禽鸟的羽翅、腿爪的组装。摆放是最常用的技巧，主要根据主题构思意图进行艺术性的放置安排所雕各部件，力求达到主题完整协调统一、合乎题意，使组合形体比例协调自然。

综上所述，食品雕刻的零雕组装，讲究构图造型艺术的完整统一，要求造型构图协调、自然、和谐，组装时要注意零部件与整部件，主体与陪衬之间的比例关系。根据构思主题进行安插、对接、粘连、镶嵌、摆放等技巧，必须按照事物形态规律和艺术法则做出恰当合理的组装和安排。雕刻时先雕主体部件后雕次要陪衬部件，组装时也按先主体后陪衬进行组装。零雕组装也就是在整雕的基础上通过添加装饰，但添加部分不能强加，更不能生硬，而且要符合造型自然美的规律，达到合情合理让人可信。添加装饰就是要根据被表现的物象的不同特点将其形象的主要特征有意识地组合拼装在一起，力求达到一种新的形象和意境。总之要学会和掌握零雕组装的雕刻技法与技巧，平时除了要加强食雕造型的技法与技巧的实践操作外，还要加强个人艺术修养的培养与提高，增强对造型艺术美的规律和法则的掌握，在雕刻创作时才能更加得心应手，熟练自如地创作出更加完美的作品来。

十、食品雕刻的着色

食品雕刻多是利用原料本身的色彩，这样的食品雕刻情趣自然、淡雅，给人以朴实真切的回味，是一种好的表现方式。但有时雕品色彩单调，需要调节，可适当使用下面的方法。

（一）借色法

借色法即为使刻品美观，可用色彩鲜艳的蔬菜瓜果刻件镶嵌等。各种色彩鲜艳的蔬菜瓜果很多，可根据需要选用。

（二）泡色法

在容器中溶解食用色素，成一定色彩的液体，然后将雕品投入泡一定时间把雕品涂染装饰得绚烂多彩。这种方法多用于平雕与小型的花卉等雕品上，此种方法应注意颜色的浓淡，适可而止就可以了，用色太多会令人生厌。

（三）弹色法

为了美观，刻品有时不需要全部改变颜色，只需要部分染色，最好使用此法。方法是：用一把洁净牙刷，略蘸色液用手指压摩刷毛，刷毛弹起时，将色液弹成雾状，对准刻品染色处，再压摩刷毛几次后即可上色。用这种方法着色既可浓如染，又可淡如烟。根据雕品着色需要决定色液弹出的多少，制作出所需要的色彩效果。色彩敷在刻品上柔和而不生硬十分美观，花卉可单弹花心，也可单弹花边。尤其适宜大型组装雕刻。比如：刻一条组装的萝卜龙，因为雕刻原料的颜色不尽相同，龙身上有的地方白，有的地方绿，突出表现在两种原料的衔接处，进行必要的着色便会使白、绿两色协调起来。这种方法是大型雕刻最常用的一种方法。

（四）喷色法

喷色法是利用喷枪喷色的上色方法，在食品雕刻中现在应用的也较为广泛，其特点是颜色均匀，过渡协调，能喷出千变万化的色彩。

在着色时也应注意以下的一些事情：利用植物的天然色彩，刻小件装饰镶嵌时，色彩的浓淡对比要做一定的审美安排，不要几种颜色一样多，色彩的浓淡要注意拉开距离，要使对比色与顺色作出美观合理的搭配，这样才能使刻品更加鲜艳突出。有人以为各样的颜色都有，就会鲜艳漂亮，实际表明那是很不妥当的，过多的颜色往往给人以繁杂混乱的感觉，色彩上只有分清主次，注意对比才是正确的做法。使用色素着色，一般不宜于"浓妆艳抹"，尤其是大型雕刻，只要淡淡的着色即可，否则喧宾夺主令刻品失去原料质地天然色彩，便是不成功的食品雕刻了。着色时要注意非食用色素绝不可使用。

十一、食品雕刻的应用

食品雕刻的题材广泛，品种繁多，可装点美化席面，烘托筵席、宴会的气氛，装饰美化菜肴，增进人们的食欲。随着旅游事业的蓬勃发展，食品雕刻作为百花园中的奇葩，正日益受到人们的青睐。宾馆和酒店已有了专职的食雕人员，还设立了独立的部门工艺部。

食品雕刻成品在菜肴、筵席和宴会中所起的作用，可分为以下几种：

（一）雕品作为菜肴点缀和衬托的应用

雕品的点缀与衬托既能使精美的菜肴锦上添花，成为一个艺术佳品，又能和菜肴在寓意上达到和谐统一，令人赏心悦目。雕品的点缀与衬托一般采用的艺术手法有：

1. 点缀

点缀是根据菜品的色泽、口味、形状、质地等，用雕品加以陪衬。

2. 盘边装饰

盘边装饰指在菜肴装盘前后，根据菜肴的颜色、形态和口味，把雕好的雕品放在菜肴的盘边上。雕刻品可以根据菜肴的色彩、意义来确定。这些雕品一般是小型的花卉较多，盘边装饰的数量不宜过多，不宜精雕细刻，最好以抽象、简练的手法，切勿喧宾夺主。

3. 周围装饰

周围装饰即根据菜品色泽搭配的需要，把雕刻作品摆放在菜肴的周围，以起到装饰作用。

4. 盘心点缀

盘心点缀就是在盛菜盘碟的中间放置雕刻作品，四周或两边放菜，以此来烘托菜肴。

5. 菜肴装点

菜肴装点是指在菜肴的表面放上食雕作品，以此来装点菜肴，以增添菜肴的艺术性和审美感。

6. 补充

补充就是将雕刻作品与菜肴摆放一起以构成和谐完美的艺术形象，雕刻品和菜肴互相陪衬，起到整体完美生动、色调和谐、赏心悦目的效果。

7. 盛装

盛装是利用雕品代替盛器，来盛装菜肴或调味品以此来美化器皿，增加菜肴的形象性和艺术性。

8. 烘托主题

烘托主题指从菜肴的寓意、谐音和形状等几个方面，设计一个雕刻作品与之匹配的手法。如荷花鱼肚这个热菜，配以一对鸳鸯雕刻，则成了具有喜庆寓意的"鸳鸯戏荷"；又如点心寿桃酥，配以一位老寿星，则成了具有庆寿寓意的"蟠桃庆寿"。这样的手法会使菜肴与食雕作品产生和谐一致的效果。

9. 作为菜肴主体外形的一部分

雕品虽不能食用，却使菜肴的形状完整、美观。如拼盘中的孔雀开屏中孔雀头可以先雕出来。

（二）雕品作为纯欣赏的应用

雕品除了点缀、装饰菜肴外，还根据不同的筵席、宴会采用不同的雕品，用来烘托宴会的气氛。例如喜庆婚宴雕刻"龙凤吉祥"、"鸳鸯戏水"之类的作品就富有意义，而喜庆寿宴又可雕刻"松鹤延年"、"寿比南山"等作品。另外，还要根据不同的主题要求来创作食雕作品，如雕刻圣诞老人与鹿车来表示圣诞节；雕刻狮身人面像表示埃及的风土人情，等等。这不仅能反映食雕作者的艺术水平，也能使宴席、宴会更高雅，气氛更和谐。

（三）食品雕刻在冷盘制作中的运用

用可食性原料雕刻而成的局部形象与冷盘材料拼摆融合一体的造型，使宾客大饱眼福的同时又能一饱口福，是烹饪造型艺术中非常重要的组合形式之一。冷盘与食品雕刻相结合，冷盘这个"脸面"就会被装扮得更显风采，更加诱人食欲。食品雕刻在冷盘制作中的巧妙运用和具体作用主要表现在以下几个方面：

1. 互利作用

这主要体现在花色拼盘上，即在一些原来平面呆板的花色拼盘中安插一个动物的小部件（头、爪、翅等），这些小部件在拼盘造型当中虽然所占比例不大，却起了画龙点睛的作用，同时也弥补了冷盘平面造型的不足，使冷盘造型更加生动富有变化、更加完美，如

"孔雀开屏"的孔雀头，"龙凤呈祥"的龙头、凤头等。

2. 烘托作用

一般宴席，刚上桌的就是数道冷菜（围碟），中间往往显得很空，如果结合宴席的主题，恰如其分地放入一组优雅的食品雕刻作品，这无疑大大地提高了冷菜在宴席中的地位和价值，同时又拉近了宾客之间的距离，烘托了现场气氛。

3. 点缀作用

食品雕刻在冷盘制作中还有一个较为明显的作用就是点缀，即用一些可食性原料（如黄瓜、西红柿、鲜橙、胡萝卜等)雕刻一些小型的作品（如小型的花卉、鱼虾、鸟类、器物等），使冷菜造型更加协调完美，在不影响冷菜的实用性的基础上，提高了冷菜的观赏价值。

（四）食品雕刻在热菜制作中的运用

食品雕刻本身就是为烹饪菜肴服务的，所以在热菜制作中也不例外。随着餐具与菜肴烹制的不断更新与发展，食品雕刻在热菜制作中的运用越来越广泛，集中体现在以下两点：

1. 映衬作用

热菜在整个宴席中是菜肴的主体，所占的比例最大。俗话说，"好马配好鞍"，好菜肴不仅仅用好的盛器，如果再用好的食雕作品来加以衬托，就会显得相得益彰，锦上添花。如把鱼翅、燕窝等高档原料制作的菜肴，放入精美的可食用的瓜盅内，会显得别具一格、高雅富贵。

2. 点缀

食品雕刻在菜肴制作中最普遍、最广泛的，就是在热菜点缀中的运用。热菜的正常盛器比冷盘要大，随着人们生活水平的提高，所要求的量不宜过多，这样往往会使热菜盛器显得空旷、单薄、不丰富，这就为食品雕刻提供了展示的舞台。食品雕刻可根据菜肴的特点进行适当点缀，在菜肴的食用价值不受影响的前提下，使其变得丰富起来，同时提高热菜的观赏性。例如"菊花凤尾虾"、"牡丹鳜鱼"、"梅花明虾"等菜肴，将这些菜品围摆于盘子的外围，中间点缀一个雕刻的鸟类，犹如小鸟嬉戏于百花丛中，使菜肴的整个造型更加和谐、更富有情趣。

（五）食品雕刻在展台中的组合运用

随着社会的日益发展，食品雕刻的应用范围也越来越广。食品雕刻不仅在菜肴制作上起点缀装饰作用，而且在其他的方面也得到了广泛的运用，现在的一些大型宴会、酒会，都把大型的食品雕刻融入其中，与菜肴相互映衬，营造气氛。特别是现在美食庆典、交流活动较为频繁，一些城市商家、企业为造声势、打品牌，经常举办各种形式的美食活动，在这些活动当中，一般都要制作一些宣传自我形象的美食展台，其中自然少不了制作一组或几组代表主题的大型食品雕刻。这些大型食雕作品，与周围的经典美食相互呼应，形成一个整体，烘托了整个台面的宣传气氛，显示了其独特的艺术魅力。食品雕刻运用比较灵活，但要特别注意场合、性质以及来宾的风俗习惯等，这样才能运用自如，更加完美。

第三节 果蔬雕实例训练

一、花卉类雕刻实例

（一）荷花的雕刻

【学习目标】掌握荷花的雕刻技法。

【原料准备】心里美萝卜。

【工具准备】平面刻刀或U型戳刀。

【制作方法】见图2-62。

- 在原料的外部均匀地分成五等份，然后修出五个花瓣的初坯。
- 用直刀法刻出第一层花瓣，在第一层花瓣两瓣花交叉的位置，把内部依然修刻成五棱台形状。
- 依次刻出第二、三、四层花瓣。
- 将花芯的部位截去一截，再用直刀法刻出密集的十字形花芯。
- 将中间刻成莲台形。

【注意事项】

- 注重取料与修整初坯，因为初坯选择的好与坏，将会直接影响下一步骤的操作和整个花的形态能否栩栩如生。
- 雕刻花瓣时，注意把雕刻的花瓣应向外翻卷，花瓣不能太厚，表面要光洁。要反复练习雕刻花瓣。

【运用】此花适用于热菜的点缀、看盘的装饰等。

图2-62　荷花制作流程图

（二）牡丹花的雕刻

【学习目标】掌握牡丹花的雕刻技法。

【原料准备】心里美萝卜。

【工具准备】平面刻刀。

【制作方法】见图2-63。

- 用小雕刻刀将原料削成圆柱状。
- 再将原料削成圆台状，在小台底的侧面（用横刀法）分别削五个斜面。
- 用小雕刻刀在每个斜面中央上削去一个三角形余料，使花瓣呈尖形，像荷花花瓣。
- 接着依次削去五个三角形余料，再用旋刀法雕刻出第一层五个有花边的花瓣。
- 将第一层两片花瓣之间的里侧多余的原料削去，呈斜面。
- 用横刀手法雕刻出第二层的花瓣五片，再依次雕刻出第三层花瓣。
- 依次刻出逐渐包心的花心即成。

【注意事项】

- 注重取料与修整初坯，因为初坯选择的好与坏，将会直接影响下一步骤的操作和整个花的形态能否栩栩如生。
- 雕刻花瓣时，注意雕刻的花瓣应有齿痕，花瓣不能太厚，表面要光洁。要反复练习雕刻花瓣。

【运用】此花可用于展台和菜肴的盘中装饰。

图2-63 牡丹花制作流程图

（三）梅花的雕刻

【**学习目标**】掌握梅花的雕刻技法。

【**原料准备**】胡萝卜。

【**工具准备**】平面刻刀、U型刻刀。

【**制作方法**】见图2-64。

- 选胡萝卜一根，用切刀往根部切一小截，再用雕刀削成上端大、下端小，且表面光滑均匀的倒圆锥状。
- 用刻刀在胡萝卜大端的平面上，均匀地做出5个记号，标明5个花瓣的大小及位置。从每两个点之间下刀，从上到下将圆锥削成五棱锥体（从原料上面或下面看，都是一个正五边形）。
- 用雕刀从每道棱的底部下刀，由下向上，削去每道棱，分出每瓣花瓣，再将花瓣边缘修成圆弧形。手执雕刀，削出上薄下厚的5瓣花瓣。
- 雕刀尖插入每两瓣花瓣间的余料处，向上运刀，削去棱角，使中间余料平面呈十边形。

- 削去十边形的棱角，修整成一圆柱，改用小号尖口戳刀，将圆柱面戳成一圈细丝（即第一层花蕊），去掉戳痕，使中间余料再次成一圆柱。
- 用上述方法再戳一圈花蕊，去掉中间余料。
- 完成。

【注意事项】

- 注重取料与修整初坯，因为初坯选择的好与坏，将会直接影响下一步骤的操作和整个花的形态能否栩栩如生。
- 雕好的梅花应圆、轻、薄，其花蕊细腻或呈丝状。

【运用】梅花可用于展台和菜肴的盘中装饰。

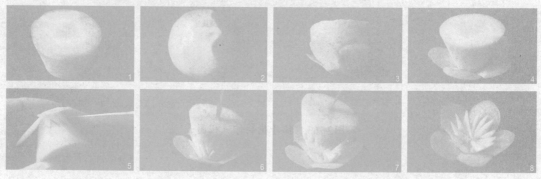

图2-64　梅花制作流程图

（四）玉兰花的雕刻

【学习目标】掌握玉兰花的雕刻技法。

【原料准备】萝卜、胡萝卜等。

【工具准备】平面刻刀。

【制作方法】见图2-65。

- 取圆柱形萝卜1根，去皮，用雕刀削成上部大、下部小的倒圆锥形。
- 确定第一层3个花瓣的大小及位置。由上端下刀，在柱面上削出3个平面（约占柱面的3／5）。
- 由底部下刀，按照玉兰花下小上大，呈勺状削出花瓣的轮廓形。
- 用平口雕刀，从一花瓣的顶部边缘进刀，依轮廓削出第一片花瓣。花瓣稍厚，且下部收刀时，刀口向原料内运行，使底部比花瓣更厚，不易折断。按此法，削出另两片花瓣。

●在两瓣花瓣间下刀，削去余料，使其成一平面，再依照上面步骤雕出第二层花瓣。

●第三层花瓣雕好后，去掉中间余料。

●取胡萝卜一小截，削成圆柱形花蕊，用胶水粘于花蕊处。

●完成。

【注意事项】

●注重取料与修整初坯，因为初坯选择的好与坏，将会直接影响下一步骤的操作和整个花的形态能否栩栩如生。

●雕刻玉兰时宜选用土豆为原料，刻制的花瓣宜厚不宜薄，因玉兰花瓣呈乳白色，且较厚，不透光。若花瓣太薄，雕出的花质感不强。

【运用】玉兰花可用于展台和菜肴的盘中装饰。

图2-65　玉兰花制作流程图

（五）百合花的雕刻

【学习目标】掌握百合花的雕刻技法。

【原料准备】心里美萝卜。

【工具准备】平面刻刀。

【制作方法】见图2-66。

●取10厘米长的胡萝卜1根，切平顶部，用雕刀削去外皮，雕成上大下小的圆锥形（如同"手榴弹"），并将锥面修平整、光滑。

●把顶端分成3等份，从胡萝卜中部下刀，向上运刀，削去3片废料，使表面平滑，并与下部原料连接自然。再次从中部下刀，将两个面的边缘削成百合花边形，削至瓣形顶端收刀时，刀口向内弧，将花瓣前端削成尖形。

- 由花瓣尖端下刀，运刀至原料3／5处，刀口内收，完成第一瓣花瓣，要求瓣形上薄下厚、完整不缺、无刀痕。依照此法将第一层3瓣花瓣全部雕完。
- 从第一层花瓣两瓣间底部下刀，手腕用力，顺势上提，打去棱角，使横切面又成一等边三角形，雕出第一、二层花瓣的位置。
- 按照雕刻第一层的方法，雕刻出比第一层花瓣略小的第二层花瓣。
- 再次去掉两瓣间的棱角，使中间余料呈等边三角锥形，从顶端三个棱角处下刀，先刀口内挖，雕出花药，再顺棱边削成丝状，当刀运行至原料底部时，刀口外走，完成花蕊的制作。去掉中间的余料。
- 完成。

【注意事项】

- 注重取料与修整初坯，因为初坯选择的好与坏，将会直接影响下一步骤的操作和整个花的形态能否栩栩如生。
- 百合花在雕刻的过程中，注意其瓣形较长，下刀时应刀平手稳，一气呵成，使花瓣均匀无刀痕。雕好的百合花瓣形均匀，花蕊细长呈丝状。

【运用】 百合花可用于展台和菜肴的盘中装饰。

图2-66　百合花制作流程图

（六）插花的雕刻

【学习目标】 掌握插花的雕刻技法。

【原料准备】 心里美萝卜。

【工具准备】 平面刻刀。

【制作方法】 见图2-67。

- 将心里美萝卜切去头尾，用滚料上片的刀法，片去原料表皮，修成圆柱形态。
- 在圆柱的料坯上刻上花纹，用刀片成厚度小于1毫米的薄片。
- 取1片萝卜片对折卷起，用2根牙签穿插成花蕊形状。
- 取4片萝卜片分别插出4片花瓣，泡在清水中即可。

【注意事项】

- 注重取料与修整初坯，因为初坯选择的好与坏，将会直接影响下一步骤的操作和整个花的形态能否栩栩如生。
- 在圆柱的料坯上刻上花纹可以变化，用刀片萝卜片要薄厚均匀。

【运用】可用于展台和菜肴的盘中装饰。

图2-67　插花制作流程图

（七）四角花的雕刻

【学习目标】掌握四角花的雕刻技法。

【原料准备】胡萝卜。

【工具准备】切刀、平面刻刀。

【制作方法】见图2-68。

- 用切刀将胡萝卜切成长方体，在每一个面上切4刀，使胡萝卜呈米字形。
- 用小号雕刻刀在胡萝卜的底部刻4刀去掉4片废料，用小号雕刻刀刻出4片花瓣。
- 将花瓣用手拧掉即成。

【注意事项】

● 注重取料与修整初坯，因为初坯选择的好与坏，将会直接影响下一步骤的操作和整个花的形态能否栩栩如生。

● 在胡萝卜每一个面上切4刀，使胡萝卜呈米字形；用小号雕刻刀刻出4片花瓣时，要注意进刀的深度。

【运用】可用于展台和菜肴的盘中装饰。

图2-68　四角花制作流程图

（八）平面图案花的雕刻

【学习目标】掌握平面图案花的雕刻技法。

【原料准备】胡萝卜。

【工具准备】切刀、平面刻刀。

【制作方法】

● 将原料用小号雕刻刀打成蝴蝶、鸽子、小白兔、金鱼、树叶等形状。

● 用切刀把打成形的原料切成片即成蝴蝶、鸽子、小白兔、金鱼、树叶等平面形状（图2-69）。

【注意事项】

● 注重取料与修整初坯，因为初坯选择的好与坏，将会直接影响下一步骤的操作和整个花的形态能否栩栩如生。

- 用小号雕刻刀打成蝴蝶、鸽子、小白兔、金鱼、树叶等形状要美观；用切刀切片时要厚薄均匀。

【运用】平面图案的雕刻形态多样应用较多在烹饪中可用于菜肴的配料、展台和菜肴的盘中装饰。

图2-69　平面图案花

（九）马蹄莲花的雕刻

【学习目标】掌握马蹄莲花的雕刻技法。

【原料准备】白萝卜、胡萝卜。

【工具准备】切刀、平面刻刀或U型戳刀。

【制作方法】见图2-70。

- 用小雕刻刀将原料削切成马蹄状。
- 用小雕刻刀刀尖沿上面边缘轻轻地划出一圈，削出马蹄莲花冠。
- 把椭圆内部挖空，挖到根部，然后将内外削光洁，马蹄莲的形态即雕出。
- 用胡萝卜削成一个烟斗形状，在马蹄莲的内部作为花芯即成。

【注意事项】

- 注重取料与修整初坯，因为初坯选择的好与坏，将会直接影响下一步骤的操作和整个花的形态能否栩栩如生。
- 要打好初坯；要把内外削光洁；注意马蹄的花瓣不能太厚。

【运用】马蹄莲花简洁大方、栩栩如生，适用于冷、热菜的点缀及展台、花瓶、花篮装饰补充等。

图2-70　马蹄莲花制作流程图

（十）白菜菊花的雕刻

【学习目标】掌握白菜菊花的雕刻技法。

【原料准备】大白菜。

【工具准备】切刀、平面刻刀或U型戳刀。

【制作方法】见图2-71。

- 选用菜心疏松的白菜为原料，去掉外层的老帮和菜根、菜头，然后用刀切出大白菜所需长度为5~6厘米。
- 利用U型戳刀，在菜帮的外侧从刀切面垂直插到菜根部再倾斜扎一下刚好扎穿，一片白菜帮根上可刻出3~6丝菊花瓣，用手去掉多余部分，使花瓣间隔分明、层次突出，如此将菊花的外面几层刻好。
- 在内侧使用同样的手法刻出花心，刻好后，整好形状，放入水中静置5分钟使其自然弯曲成菊花形状即可。

【注意事项】

- 注重取料与修整初坯，因为初坯选择的好与坏，将会直接影响下一步骤的操作和整个花的形态能否栩栩如生。
- 选用的大白菜应为新鲜、菜心疏松；刻菊花瓣时要掌握好力度，特别是到菜根扎进去时不能插进第二层的菜帮。收花心时，花瓣应比外几层花瓣稍短。

【运用】此花适用于热菜的点缀以及展台、花瓶、花篮的装饰等。

图2-71　白菜菊花制作流程图

（十一）大丽花的雕刻

【学习目标】掌握大丽花的雕刻技法。

【原料准备】心里美萝卜。

【工具准备】切刀、平面刻刀、U型戳刀、V型戳刀。

【制作方法】见图2-72。

- 旋刀法将萝卜粗的一头修成苹果状的半球体。
- 在苹果柄的部位，用小号U型戳刀戳出一个略深的小孔，将小孔内用V型刀戳出一圈花蕊，用尖头刀除去周围的余料，同此法共戳出两层花蕊。
- 先刻靠近花蕊处第一层较小的花瓣，用小号V型刀先向着花心戳一刀，然后在刚才戳出的V字形截面下方，顺着V字形向花心深处用小雕刀的刀尖刻出花瓣，同此法刻出第一圈花瓣，用旋刀法去除周围的余料。
- 二层的花瓣与第一层相互交叉，先用小雕刻刀的刀尖去一圈废料，用V型刀去废料使刀痕部位呈V字形，取出余料，然后顺着V字形用小雕刻刀的刀尖刻出花瓣，注意修出花尖，使花瓣向外呈弯曲状，同此法刻出第二到第五层花瓣，用旋刀法去掉周围余料。
- 用尖头刀削下花球，注意不要伤及第五层花瓣，慢慢削薄花底部，使之呈圆锥状。

【注意事项】

- 注重取料与修整初坯，因为初坯选择的好与坏，将会直接影响下一步骤的操作和整个花的形态能否栩栩如生。
- 花瓣要削得弯曲；削花座时注意不要伤及花瓣。

【运用】此花可用于展台和菜肴的盘中装饰。

图2-72　大丽花制作流程图

（十二）玫瑰花的雕刻

【学习目标】掌握玫瑰花的雕刻技法。

【原料准备】心里美萝卜。

【工具准备】切刀、平面刻刀、U型戳刀。

【制作方法】见图2-73。

- 先把原料分成三等份，用旋刀法将每一面都削成半圆形的花瓣。
- 从第二层花瓣的内侧旋去多余的部分，再由外层的两片花瓣叉口处，交替刻出花瓣的底形。
- 按此方法循环进行，至少雕出6~8层的花瓣，再将花芯收好，即成一朵含苞待放的玫瑰花了。

【注意事项】

- 注重取料与修整初坯，因为初坯选择的好与坏，将会直接影响下一步骤的操作和整个花的形态能否栩栩如生。
- 刻出的花瓣要够大，要使每一瓣都能翻起来；花瓣要上薄下厚，花芯稍尖；

打初坯时，底部要比顶部小，这样才能使刻出来的花瓣更逼真。

【运用】玫瑰花适用于冷、热菜的点缀及展台、花瓶、花篮装饰补充等。

图2-73　玫瑰花制作流程图

（十三）三瓣月季花的雕刻

【学习目标】掌握月季花的雕刻技法。

【原料准备】心里美萝卜。

【工具准备】切刀、平面刻刀。

【制作方法】见图2-74。

- 将一个心里美萝卜打成上大下小的圆台体，用左手的大拇指顶住底部，其余四个手指在上面，将心里美萝卜拿稳（主要是大拇指和中指用力），用右手的四个手指握住刀，大拇指作支点，然后在心里美萝卜外部均匀地分成三等份的花瓣，然后在每一面将花瓣的初坯削出（呈半圆形）。
- 从上至下用直刀法刻出第一层花瓣（从第二层开始可用刻刀法或旋刀法）。
- 在花瓣的内侧两片花瓣叉口处旋去多余的部分，旋出第二层的第一片花瓣，在这片花瓣的后面交替旋出第二层其余四个花瓣。
- 按此方法循环进行，旋出5~8层的花瓣，再将花芯收好，即成一朵含苞待放的月季花了。

【注意事项】

- 在打初坯时要均匀地分成三等份，否则会影响整朵花的形状。另外，底部要尽量小一些，分出的三等份要有一定的弧度，这样刻出的花才有自然美。

● 在刻花瓣时要上薄下厚，以便造型，使花更接近自然；整朵花雕完后要注意泡水整形，将每个花瓣的上面向外翻；每次去料时，刀尖要到底部，刀根部要逐渐往里斜，这样刻出的花才能含苞待放，有自然美。

【运用】此花可用于热菜的点缀以及展台、看盘的装饰、补充等。

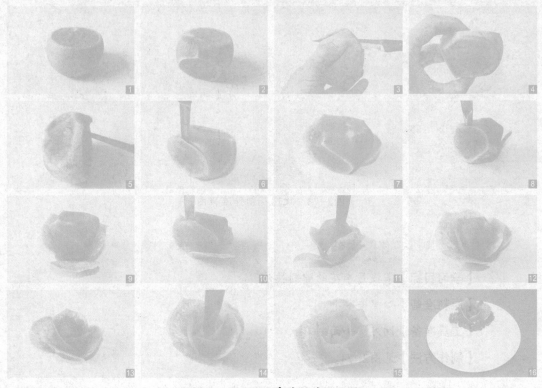

图2-74　三瓣月季花制作流程图

（十四）五瓣月季花的雕刻

【学习目标】掌握五瓣月季花的雕刻技法。

【原料准备】心里美萝卜。

【工具准备】切刀、平面刻刀。

【制作方法】见图2-75。

● 将一个心里美萝卜打成上大下小的圆台体，用左手的大拇指顶住底部，其余四个手指在上面，将心里美萝卜拿稳（主要是大拇指和中指用力），用右手的四个手指握住刀，大拇指作支点，然后在心里美萝卜外部均匀地分成五等份的花瓣，然后在每一面将花瓣的初坯削出（呈半圆形）。

- 从上至下用直刀法刻出第一层花瓣（从第二层开始可用刻刀法或旋刀法）。
- 在花瓣的内侧两片花瓣叉口处旋去多余的部分，旋出第二层的第一片花瓣，在这片花瓣的后面交替旋出第二层其余四个花瓣。
- 按此方法循环进行，旋出5~8层的花瓣，再将花芯收好，即成一朵含苞待放的月季花了。

【注意事项】

- 在打初坯时要均匀地分成五等份，否则会影响整朵花的形状。另外，底部要尽量小一些，分出的三等份要有一定的弧度，这样刻出的花才有自然美。
- 在刻花瓣时要上薄下厚，以便造型，使花更接近自然；整朵花雕完后要注意泡水整形，将每个花瓣的上面向外翻；每次去料时，刀尖要到底部，刀根部要逐渐往里斜，这样刻出的花才能含苞待放，有自然美。

【运用】此花可用于热菜的点缀以及展台、看盘的装饰、补充等。

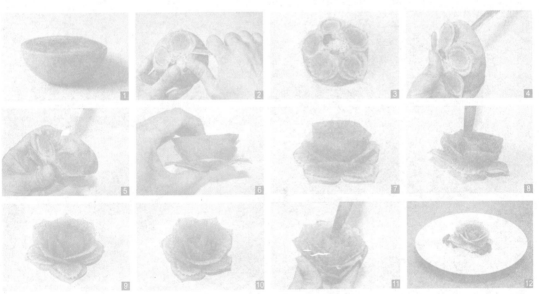

图2-75　五瓣月季花制作流程图

（十五）芙蓉花的雕刻

【学习目标】掌握芙蓉花的雕刻技法。

【原料准备】心里美萝卜。

【工具准备】切刀、平面刻刀。

【制作方法】见图2-76。

- 把心里美萝卜修成圆柱体，然后在其中心修好花芯，使用雕刀画上一个小圆圈，由里向外刻出五等份，然后在刻出的每一等份上雕出芙蓉花瓣，此时应注意花瓣外薄里厚且使花瓣呈锯齿状，在雕的过程中刀口不能割到原料的表皮。
- 雕完第一层再用旋刀法在第一层花瓣交叉的位置，去掉第一层花瓣的废料，用同一种方法雕第二层和第三层花瓣，从而使花瓣逐层增大，修好花蒂放入水中静置几分钟即可。

【注意事项】

- 在打初坯时要均匀地分成五等份，否则会影响整朵花的形状。另外，底部要尽量小一些，分出的五等份要有一定的弧度，这样刻出的花才有自然美。
- 在雕花瓣时要抖刀使花瓣呈齿状，在去掉废料及修花蒂时，要掌握好力度。

【运用】芙蓉花可用于展台和菜肴的盘中装饰。

图2-76 芙蓉花制作流程图

（十六）茶花的雕刻

【学习目标】掌握茶花的雕刻技法。

【原料准备】白萝卜。

【工具准备】切刀、平面刻刀。

【制作方法】见图2-77。

- 取圆形白萝卜1个，从中切开成两段，取其中一段，削皮，用雕刀削成一倒置的半圆球形。
- 在初坯上大概定出5个花瓣的位置，注意相邻两瓣有1/3的部分相互重叠。用雕刻刀在半圆球上走弧刀，削出第一瓣花瓣的外轮廓线，从花瓣的最左边进刀，依花瓣轮廓由左至右雕出第一瓣花瓣呈勺状。再将花瓣内壁的余料去掉一部分，使第一层花瓣清晰地呈现出来。
- 第二瓣花瓣因有约1/3被第一瓣花瓣压住，故削第二瓣花瓣时，应从第一瓣的2/3处下刀。先从1/3处由左向右顺坯壁削出一圆弧形面，再按制作第一瓣花瓣的方法削出第二瓣花瓣。
- 将第一层5瓣花瓣全部削出，但需注意第五瓣花瓣的左边1/3被第四瓣叠压，右边1/3被第一瓣叠压。
- 再从第五瓣的2/3处下刀，削出第六瓣、第七瓣……直至将所有花瓣全部雕完。注意外层花瓣间的距离与中间花瓣间的距离是逐一递减的，越到中心，两花瓣间距离越近。
- 完成。

【注意事项】

- 打初坯时要将白萝卜均匀地分成五等份，否则会影响整朵花的形状。
- 在刻花瓣时第一层比第二层的花瓣低一点，第二层花瓣最高，第三层以后的花瓣越来越低，直到花芯；刻出来的茶花一瓣包着另一瓣，花芯要呈球形。

【运用】茶花可用于展台和菜肴的盘中装饰。

图2-77　茶花制作流程图

（十七）龙爪菊花的雕刻

【学习目标】掌握龙爪菊花的雕刻技法。

【原料准备】心里美萝卜。

【工具准备】切刀、平面刻刀、U型戳刀。

【制作方法】见图2-78。

- 利用U型戳刀，在心里美萝卜的外侧从刀切面垂直插到根部再倾斜扎一下刚好扎穿，一层上可刻出12丝菊花瓣，用手去多余部分，使花瓣间隔分明、层次突出，如此将菊花的外面几层刻好。
- 在内侧使用同样的手法刻制出花芯，刻好后，整好形状，静置水中5分钟，使其自然弯曲成菊花形状即可。

【注意事项】

- 注重取料与修整初坯，因为初坯选择的好与坏，将会直接影响下一步骤的操作和整个花的形态能否栩栩如生。
- 选用的心里美萝卜应为新鲜；刻菊花瓣时要掌握好力度，收花芯时，花瓣应比外几层花瓣稍短。

【运用】此花适用于热菜的点缀以及展台、花瓶、花篮的装饰等。

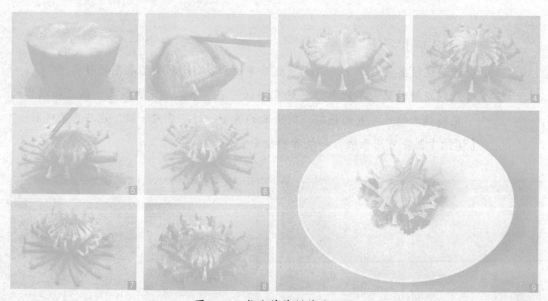

图2-78 龙爪菊花制作流程图

（十八）旋转菊花的雕刻

【学习目标】掌握旋转菊花的雕刻技法。

【原料准备】心里美萝卜。

【工具准备】切刀、平面刻刀、U型戳刀。

【制作方法】见图2-79。

> ● 利用U型戳刀，在心里美萝卜的外侧斜着刻出12丝菊花瓣，用手去多
> 余部分，使花瓣间隔分明、层次突出，如此将菊花的外面几层刻好。
> ● 在内侧使用同样的手法刻制出花芯，刻好后，整好形状，静置水中5
> 分钟，使其自然弯曲成菊花形状即可。

【注意事项】

● 注重取料与修整初坯，因为初坯选择的好与坏，将会直接影响下一步骤的操
作和整个花的形态能否栩栩如生。

● 选用的心里美萝卜应为新鲜；刻菊花瓣时要掌握好力度，收花芯时，花瓣应
比外几层花瓣稍短。

【运用】此花适用于热菜的点缀以及展台、花瓶、花篮的装饰等。

图2-79　旋转菊花制作流程图

（十九）睡莲的雕刻

【学习目标】掌握睡莲的雕刻技法。

【原料准备】心里美萝卜等。

【工具准备】平面刻刀、U型戳刀。

【制作方法】见图2-80。

> ● 在原料的外部均匀地分成六等份，然后修出六个花瓣的初坯。
> ● 用直刀法刻出第一层花瓣，在第一层花瓣两瓣花交叉的位置，把内部
> 依然修刻成六棱台形状。
> ● 依次刻出第二、第三、第四层花瓣。
> ● 将花芯的部位截去一截，再用直刀法刻出密集的十字形花芯。
> ● 将中间刻成莲台型。

【注意事项】

● 注重取料与修整初坯，因为初坯选择的好与坏，将会直接影响下一步骤的操作和整个花的形态能否栩栩如生。

● 雕刻花瓣时，注意把雕刻的花瓣应向外翻卷，花瓣不能太厚，表面要光洁。要反复练习雕刻花瓣。

【运用】 此花适用于热菜的点缀、看盘的装饰等。

图2-80　睡莲制作流程图

二、禽鸟类雕刻实例

（一）禽类翅膀、尾巴的雕刻

【学习目标】 掌握禽类翅膀、尾巴的雕刻技法。

【原料准备】 南瓜。

【工具准备】 切刀、平面刻刀、U型戳刀。

【制作方法】 见图2-81。

- 选一块15厘米长的原料。
- 将原料的头部削成斧刃状，刻出翅膀（尾巴）的大形。
- 依次雕出禽类翅膀（尾巴）的第一层羽毛、第二层羽毛、第三层羽毛、第四层羽毛。
- 细致雕刻完成。

【注意事项】

- 禽类翅膀的形态要自然，以显得有活力。
- 刀划羽毛时要注意刀与原料保持一定的角度。
- 要注意突出禽类翅膀的层次。

【运用】 用于雕刻禽类的翅膀、尾巴时使用。

图2-81　禽类翅膀制作流程图

（二）麻雀的雕刻

【学习目标】 掌握麻雀的雕刻技法。

【原料准备】 南瓜。

【工具准备】 切刀、平面刻刀、U型戳刀。

【制作方法】 见图2-82。

- 选一块15厘米长的原料。
- 将原料的头部削成斧刃状，刻出麻雀的下颌及头部。
- 依次雕出麻雀的头部及背部。
- 刻出麻雀的眼睛及膀头。
- 刻出麻雀的身体羽毛。
- 细致雕刻完成。

【注意事项】

● 麻雀的体积小，肚子要圆些；嘴必须要小，鸟头要仰起，以显得有活力。

● 刀划羽毛时要注意刀与原料保持垂直。

【运用】可用于展台和菜肴的盘中装饰。

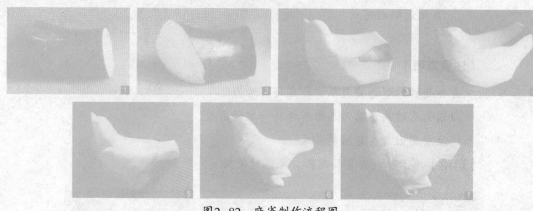

图2-82　麻雀制作流程图

（三）绶带鸟的雕刻

【学习目标】掌握绶带鸟的雕刻技法。

【原料准备】南瓜。

【工具准备】切刀、平面刻刀、V型戳刀、U型戳刀。

【制作方法】见图2-83。

> ● 选用比较粗长的原料，用大型雕刻刀将原料切成楔形坯子。
>
> ● 从楔形顶端下刀，按顺序刻出绶带鸟的大形。绶带鸟的外形与喜鹊非常接近，所不同的是，绶带鸟的头上有冠，尾巴较长，且是两根长尾。
>
> ● 从嘴、头开始，进一步细修出头、脖、身的形状，然后修出嘴角，剖开，戳出眼睛。再在身的两侧刻出翅膀，然后用较大的V型刀戳出两根长长的尾巴（为身长的1.5～2倍）。
>
> ● 用小的V型戳刀在长尾的两边各戳3根尖形短尾，每边3根，再用雕刻刀将尾巴下的余料剔去。最后修出腿形即可。

【注意事项】

● 注意神态要自然。

● 用V型刀来戳长尾巴，是因为这样的长尾较硬有弹性，用水浸泡后能立起来，比较好看。

【运用】常用于与牡丹搭配，可组成"富贵长寿"或与翠竹配合则组成"祝寿图"，被人们视作长寿幸福，永享富贵的象征。可以和花、山石等组合用作看盘或装饰菜肴。适用各种宴会，常以"代代寿仙，富贵长寿"等为题材用于祝寿宴。可用于展台和菜肴的盘中装饰。

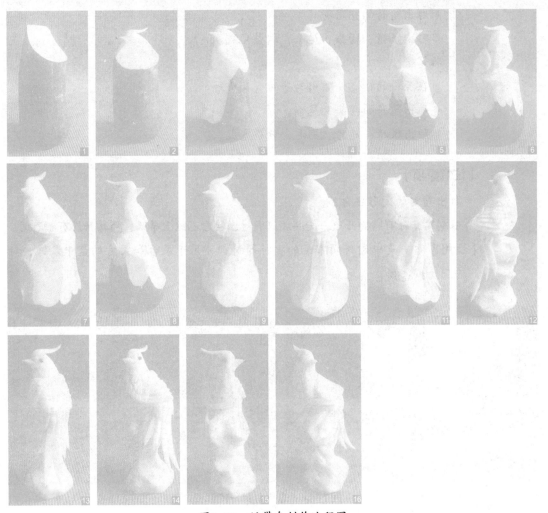

图2-83　绶带鸟制作流程图

（四）鸳鸯鸟的雕刻

【学习目标】掌握鸳鸯鸟的雕刻技法。

【原料准备】南瓜。

【工具准备】切刀、平面刻刀、U型戳刀。

【制作方法】见图2-84。

雄鸳鸯

- 选8厘米长的原料一根。
- 用刀削成梯形料。
- 将梯形料最前端斜着削去一块废料。
- 在有斜度的1／3处雕出鸳鸯的嘴及头冠、胸脯。
- 雕出鸳鸯的相思羽。
- 雕出眼睛、膀头、尾头，调整完成。

雌鸳鸯

- 在原料的1／3处雕出鸳鸯的嘴及头冠。
- 雕出鸳鸯的膀头及尾部。
- 雕出眼睛、翅膀、羽毛，调整完成。

【注意事项】

- 打出鸳鸯的大形要自然。
- 雕刻鸳鸯时前胸要凸出，更要成双成对，注意不能上单只，雌鸳鸯没有相思羽。

【运用】鸳鸯是中国民间常见的吉祥题材，可用于展台和菜肴的盘中装饰，特别适用喜庆婚宴。

图2-84　鸳鸯鸟制作流程图

（五）仙鹤的雕刻

【学习目标】掌握仙鹤鸟的雕刻技法。

【原料准备】南瓜。

【工具准备】切刀、平面刻刀、U型戳刀。

【制作方法】见图2-85。

- 先构思好造型，打好初坯，确定头部位置，先用雕刻刀刻出其头部轮廓后，再雕出鹤的嘴和颈。
- 雕刻出仙鹤身子部分，用U型戳刀戳出两层尾羽，接着雕出它的脚。
- 另用原料雕翅膀，先刻画出翅膀轮廓，用小雕刻刀刻出细羽，然后用中号U型戳刀戳出三级飞羽和次级飞羽，最后用稍大的U型戳刀戳出初级飞羽即成一个翅膀，用同样方法戳出另一个翅膀。
- 在雕好的鹤身上，挖两个平行的槽，把翅膀插入，用牙签固定，这样仙鹤就做好了。

【注意事项】注意仙鹤的大形要准确，脖颈的弯曲度要自然。

【运用】运用的食品雕刻造型有鹤舞莲花池、比翼齐飞等。食品雕刻作品一品当朝（仙鹤与太阳组合）、独占鳌头（仙鹤与鳌组合），常用于福、禄宴中；仙鹤经常与寿星、仙人、道人进行组合，还可以与琴（谐音清）、莲（谐音廉）组合成一品清廉造型。

图2-85　仙鹤制作流程图

（六）凤凰的雕刻

【学习目标】掌握凤凰的雕刻技法。

【原料准备】南瓜。

【工具准备】切刀、平面刻刀、V型戳刀、U型戳刀。

【制作方法】见图2-86。

- 选择比较粗长的南瓜，在底部削一刀，放稳原料，在顶部两侧各削一刀，呈上窄下宽的形状。
- 按构思所需形状，削出凤的大体轮廓。
- 进一步修出嘴、头部、颈部，修圆、修好。
- 在胸的上部，在颈部用V型刀戳出颈部的羽毛（按需要戳2~3层），去掉多余的原料。
- 用U型刀戳出背部及尾部的羽毛，并去掉多余原料。用V型刀戳出尾长羽，要从中间开始向两边戳，中间长些，两边要短一些，去掉多余原料，戳1~2层即可，然后去掉尾部原料。
- 雕刻尾羽，按构思所需形状用V型刀戳出三条线，然后用小雕刻刀刻画出三条主尾羽；用V型刀戳出羽纹，去掉多余原料。
- 另用南瓜刻出凤冠、凤坠、凤的相思羽，及按设计形状刻出一对翅膀。
- 用小雕刻刀刻出腿、脚、爪。
- 用花椒籽作眼睛。将凤冠、凤坠、相思羽、翅膀用牙签或胶水组装好即成。

【注意事项】打大型要准确，动势要优美。

【运用】此作品适用热菜的点缀以及看台、看盘、大型展台的组合和布置装饰等。

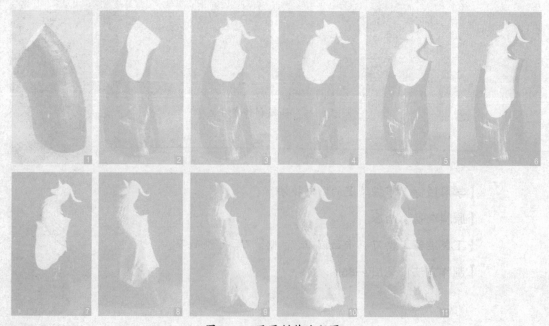

图2-86　凤凰制作流程图

三、鱼虫类雕刻实例

（一）鲤鱼的雕刻

【学习目标】掌握鲤鱼的雕刻技法。

【原料准备】南瓜。

【工具准备】切刀、平面刻刀、U型戳刀。

【制作方法】见图2-87。

> ● 取一块长25厘米左右的原料。
>
> ● 将根部削平，把头削成斧刃状，雕出鲤鱼的下身及背部外形。
>
> ● 依次刻出鲤鱼的嘴形、眼睛及鱼鳃，雕出下面浪花的大体轮廓，再在右侧粘上一组浪花。
>
> ● 细致地刻出鲤鱼身上的鳞片。
>
> ● 刻出背鳍、鳃鳍及腹鳍，最后将所有附件组合即成。

【注意事项】雕刻的鲤鱼在组装时要有弯度，重点是刀在鲤鱼肚处走小弧形转出，这样鲤鱼动感特强。从浪花中一跃而起的鲤鱼，在嘴的后侧配有水柱与球。

【运用】食品雕刻中的鲤鱼造型可用于展台和菜肴的盘中装饰。

图2-87　鲤鱼制作流程图

（二）河虾的雕刻

【学习目标】掌握河虾的雕刻技法。

【原料准备】胡萝卜。

【工具准备】切刀、平面刻刀、U型戳刀。

【制作方法】见图2-88。

- 选一块长15厘米的原料，横放，在原料最前方的上端刻出虾的头部、背部及尾部外形。
- 将虾头的下部与第一只虾腿的层次刻出。
- 依次刻出虾腿。
- 细致地刻出虾眼及虾身上的节及腿，还有呈扇面的尾部。
- 修改完成。

【注意事项】虾身上的节为六节，雕出的虾头要上挑，虾尾呈扇面状。

【运用】食品雕刻中的雕刻虾的造型可用于展台和菜肴的盘中装饰。

图2-88　河虾制作流程图

（三）螃蟹的雕刻

【学习目标】掌握螃蟹的雕刻技法。

【原料准备】南瓜、胡萝卜等。

【工具准备】切刀、平面刻刀、U型戳刀。

【制作方法】见图2-89。

● 用大平刀切去原料的两头，将其中的一头朝下放稳，然后用刀在上端的两边切去两块余料，使其成一个扇形的初坯；用直刀将螃蟹的基本大形勾出轮廓。

● 用直刀在螃蟹大形的中间刻出一个倒梯形的壳身，并用直刀沿着外轮廓向里刻出两边爪和大钳的外形；再用刀分别从外向里斜刻进去，突出中间的壳身。

● 用直刀先从上端刻出两个翘起的大钳（大钳的根部要细，中间连接钳爪的部分要略为大一些，突显其圆厚，爪钳要张开，内口稍带一点锯齿状）；用刀将中间的壳稍加整理。

● 用直刀将蟹两边的小爪刻出（并刻出爪节、爪尖，注意爪的长短比例）；然后刻出蟹壳（壳的外形基本成圆梯形）；用胡萝卜做眼睛，将底部的水草刻出即成。

【注意事项】蟹的形态要自然。

【运用】适用于热菜、冷盘的点缀、装饰等。

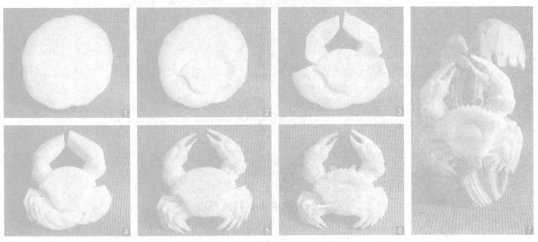

图2-89 螃蟹制作流程图

（四）热带鱼的雕刻

【学习目标】掌握热带鱼的雕刻技法。

【原料准备】南瓜。

【工具准备】切刀、平面刻刀、U型戳刀。

【制作方法】见图2-90。

- 取一块长20厘米且较粗的南瓜，去头，去根。
- 在南瓜的侧面划分出热带鱼的层次，并将鱼的嘴部、下面浪花大形雕出。
- 依次雕出热带鱼的整体身形轮廓、尾部。
- 细致地刻出热带鱼的眼睛、身上斑线、尾部、背鳍及石头的纹路。
- 取一长薄料，刻出长短不齐的水草形状，和热带鱼组合即可。

【注意事项】雕刻热带鱼要注意一大一小、身子要薄。

【运用】食品雕刻中的热带鱼可用于展台和菜肴的盘中装饰。

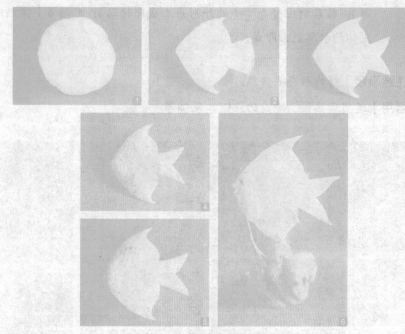

图2-90　热带鱼制作流程图

（五）金枪鱼的雕刻

【学习目标】掌握金枪鱼的雕刻技法。

【原料准备】南瓜。

【工具准备】切刀、平面刻刀、U型戳刀。

【制作方法】见图2-91。

- 选几块南瓜粘在一起，刻出金枪鱼的大形，先将最前端削成薄斧刃状。
- 将最上端雕出金枪鱼张开的嘴部、腹部及尾部外形。
- 雕出金枪鱼的上嘴及背部下面的浪花。
- 细致地刻出金枪鱼的眼睛、鳃部、尾部纹路及浪花。
- 雕出金枪鱼的背鳍，作品即成。

【注意事项】浪花为附属件，要把主体金枪鱼的大气、威武烘托出来。重点在金枪鱼的嘴上，用刀时一定要将鱼嘴修尖窄一些，过粗显得笨重，要修出棱角分明的嘴。

【运用】可用于展台和菜肴的盘中装饰。

图2-91 金枪鱼制作流程图

四、畜兽类雕刻实例

（一）马的雕刻

【学习目标】掌握马的雕刻技法。

【原料准备】南瓜。

【工具准备】切刀、平面刻刀、U型戳刀。

【制作方法】见图2-92。

- 将南瓜切成厚片形状，略倾斜放置，顶端稍尖。用手指甲或牙签将南瓜划分3段。
- 依次刻出马的头、颈、前腿、后腹、后腿和尾巴的大形（马头、马脖是第一停，马的背部、腹部是第二停，马的后腿、尾部是第三停）。
- 注意刻马脖子部位时要留出马鬃的位置。
- 刻后腿时要将两后腿之间的原料留下一些，最好刻成假山以支撑身体。
- 刻马头时可先将马头刻成长方形，待刻完身体大形后觉得比例适当后，再仔细刻出马头的各个细部。
- 细致地刻出马头，然后刻出马鬃，再将前腿分开后刻出飘逸的尾部。
- 戳出马鬃、马尾上的条纹；修出马腿、马蹄；将腹部修细修圆；戳出假山、云海等。注意马的胸部、臀部肌肉发达、丰满，所以在刻画细部时要使这两部位突出，以显示马的雄伟、健壮。

【注意事项】形态要自然，比例要准确。

【运用】可用于展台和菜肴的盘中装饰。

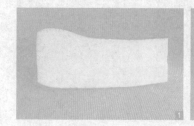

图2-92　马制作流程图

（二）麒麟的雕刻

【学习目标】掌握麒麟的雕刻技法。

【原料准备】南瓜。

【工具准备】切刀、平面刻刀、U型戳刀。

【制作方法】见图2-93。

- 选一长20厘米的南瓜，刻出麒麟的头部。
- 选几块南瓜粘接在一起，雕出麒麟的身体大形。
- 雕出麒麟身上的鳞片。
- 将头和身体粘接在一起即成。

【注意事项】麒麟头部要倾斜。作品的重心要稳，底座料要往前探出5厘米，这样支撑才能稳。

【运用】可用于展台和菜肴的盘中装饰。

图2-93 麒麟制作流程图

（三）龙的雕刻

【学习目标】掌握龙的雕刻技法。

【原料准备】南瓜。

【工具准备】切刀、平面刻刀、U型戳刀。

【制作方法】见图2-94。

- 选一块南瓜，按照麒麟的刻法刻出龙头。
- 分别刻出龙的4个爪及外形轮廓。
- 分别刻出龙爪的细部结构。
- 另取几块南瓜粘在龙的身体上。
- 细致修饰龙的身体各部位。
- 单独画出龙身上的背鳍，并安上背鳍。
- 装上龙爪。
- 整体修整。
- 配上刻好的祥云、水浪、底座和火球，组合成形。

【注意事项】龙的形态要自然，刻画要细腻，动势要好。

【运用】作品适用于看盘、大型展台的单独使用、组合和布置、装饰等。常用于大型展台。

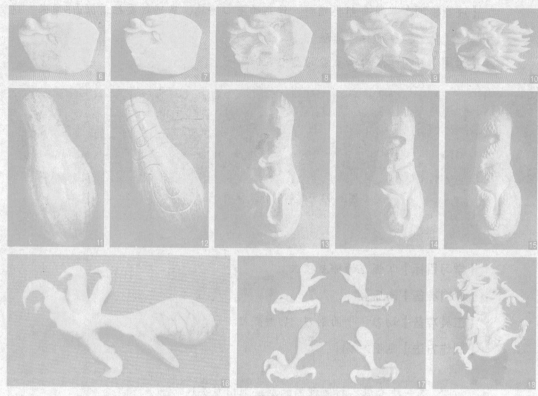

图2-94　龙制作流程图

五、器物及景观类雕刻实例

（一）花篮的雕刻

【学习目标】掌握花篮的雕刻技法。

【原料准备】南瓜。

【工具准备】切刀、平面刻刀、U型戳刀。

【制作方法】见图2-95。

● 先将南瓜削皮，再用大型刀切出花篮的大概形状。

● 用手刀仔细修出花篮的表面。

● 换小V型戳刀在表面戳出细部。

【注意事项】花篮刻好后可放入雕刻的花卉，使其更好看些。

【运用】花篮的用途较广泛，既可在花篮中插上花卉作展台，也可用于某些盛装菜肴，如枇杷里脊、脆炸香蕉、西炸赛梨等。常用于大型展台。

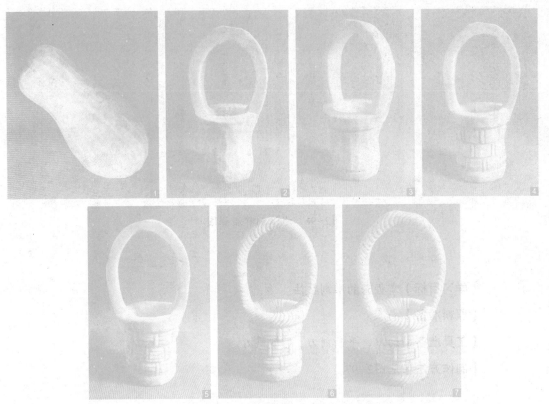

图2-95　花篮制作流程图

（二）水浪的雕刻

【学习目标】掌握水浪的雕刻技法。

【原料准备】南瓜。

【工具准备】切刀、平面刻刀、U型戳刀。

【制作方法】见图2-96。

- 取一块长20厘米的有弯度的南瓜，在上面分出浪花的大体形状。
- 用小料将探出的浪花粘在南瓜的两侧。
- 细致地刻出翻卷的浪朵及浪身上的纹路。

【注意事项】雕出的浪朵、浪身要有气势，水珠点缀要自然，不能太多。重点是浪身上的纹路要用平口刀刀尖划，划一刀，去一刀废料。

【运用】可用于展台和菜肴的盘中组合装饰。

图2-96　水浪制作流程图

（三）云的雕刻

【学习目标】掌握云的雕刻技法。

【原料准备】南瓜。

【工具准备】切刀、平面刻刀、U型戳刀。

【制作方法】见图2-97。

- 取一长南瓜，将上端削成薄斧刃形，由最上端起刀划出富有动感的云尾、云身外轮廓。
- 再将云身上的云朵结构分成不同的层次用刀划分出来。

【注意事项】雕刻云朵时，要拖出云尾，云朵要前后拉出层次。难点是雕每一片云朵，平口刀都要与原料保持垂直，要注意整云朵呈扁形状。

【运用】食品雕刻中的云可用于展台和菜肴的盘中组合装饰。

图2-97　云制作流程图

（四）石头的雕刻

【学习目标】掌握石头的雕刻技法。

【原料准备】南瓜。

【工具准备】切刀、平面刻刀、U型戳刀。

【制作方法】见图2-98。

> ● 用南瓜削出石头的大形。
> ● 再仔细刻出石头的透空和变化即成。

【注意事项】石头的雕刻要自然，变化要突出石头的特点。

【运用】世界的石头多种多样，从造型来看以江河湖泊中的一些石头比较好看，食品雕刻中的石头雕刻可用于展台和菜肴的盘中装饰。

图2-98 石头制作流程图

（五）宝塔的雕刻

【学习目标】掌握宝塔的雕刻技法。

【原料准备】胡萝卜等。

【工具准备】切刀、平面刻刀、U型戳刀。

【制作方法】见图2-99。

> ● 用切刀或水果刀将胡萝卜切成上窄下宽的四角或六角锥形，再用雕刻刀削出塔尖。
> ● 锥身均匀地轻划分出5～7等份，再用雕刻刀刻出一层一层的塔檐，刻好后将塔檐之间的原料剔平即显现出古塔的雏形。
> ● 用小V型戳刀戳出塔檐上的瓦棱，换U型戳刀戳出窗孔和门洞，最后修出台阶。
> ● 最底层刻出2～4级台阶。

【注意事项】塔的形态要上大下小，各层要均匀。

【运用】用于制作艺术拼盘，将古塔摆在圆盘中间，周围用蛋黄糕、蛋白糕、熟牛肉、卤猪肉等围城一圈；用于点缀热菜，将古塔摆在盘中间，周围摆上一圈形状整齐、干爽无汁的菜肴，如炸鸡、炸虾排、奶油鱼卷等。或者将较小的摆在盘边，旁边衬上些小花绿叶等，用于点缀一般菜肴；用来制作展台，可同龙、凤、麒麟等配合使用。

图2-99　宝塔制作流程图

（六）亭子的雕刻

【学习目标】掌握亭子的雕刻技法。

【原料准备】胡萝卜。

【工具准备】切刀、平面刻刀、U型戳刀。

【制作方法】见图2-100。

- 用胡萝卜刻出四边形。
- 刻出亭子的四个斜梁。
- 刻出亭子的四个柱子。
- 修整完成。

【注意事项】亭子的形态要上大下小，各层要均匀。

【运用】亭子主要用于菜肴的装饰和大型宴会的展台布置。

图2-100　亭子制作流程图

（七）古桥的雕刻

【学习目标】掌握古桥的雕刻技法。

【原料准备】胡萝卜。

【工具准备】切刀、平面刻刀、U型戳刀。

【制作方法】见图2-101。

- 用胡萝卜刻出一个梯形体。
- 刻出古桥的桥梁和台阶。
- 刻出古桥的空洞。
- 修整完成。

【注意事项】古桥的形态要上大下小，各层要均匀。

【运用】用于菜肴的装饰和大型宴会的台面装饰等。

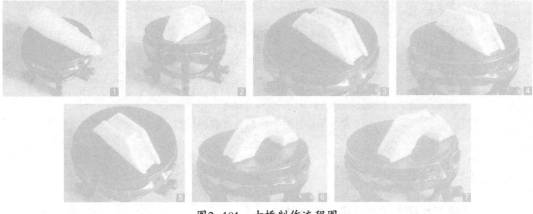

图2-101 古桥制作流程图

（八）椰子树的雕刻

【学习目标】掌握椰子树的雕刻技法。

【原料准备】胡萝卜。

【工具准备】切刀、平面刻刀、U型戳刀。

【制作方法】见图2-102。

- 用胡萝卜刻出椰子树的树干。
- 用胡萝卜刻出椰子树的树叶、果实、石头。
- 用南瓜刻出小岛、小草。
- 组合完成。

【注意事项】椰子树的形态要上大下小，各层要均匀。

【运用】用于菜肴的装饰和大型宴会的摆台装饰等。

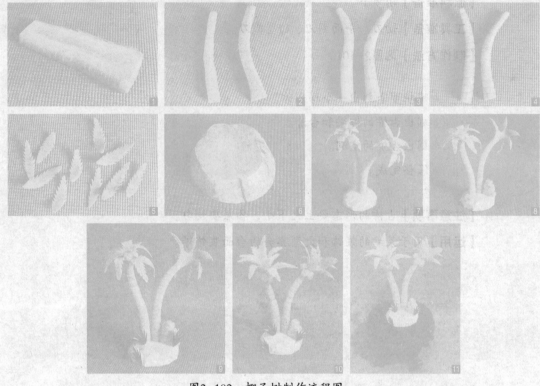

图2-102　椰子树制作流程图

（九）绣球的雕刻

【学习目标】掌握绣球的雕刻技法。

【原料准备】南瓜。

【工具准备】切刀、平面刻刀、U型戳刀。

【制作方法】见图2-103。

- 用南瓜刻出一个正方体。
- 去掉正方体的四个角，刻出绣球的大形。
- 用手刀画出绣球的基础框。
- 去除废料。
- 将里面的球体修成圆球体即成。

【注意事项】绣球的形态要大小均匀，里面的球体要圆。

【运用】用于菜肴的装饰。

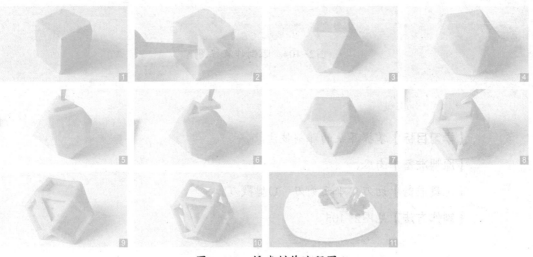

图2-103 绣球制作流程图

六、人物类雕刻实例

（一）眼的雕刻

【学习目标】掌握眼的雕刻技法。

【原料准备】南瓜。

【工具准备】切刀、平面刻刀、U型戳刀。

【制作方法】见图2-104。

- 先刻出眼睛突出部分的轮廓。
- 刻画出眼睛缝线。
- 明确眼皮及眼球的造型。
- 细致刻出整个眼睛，力争达到完美。

【注意事项】眼的形态大小，比例关系均匀。

【运用】雕刻圆雕头像时使用。

图2-104　眼制作流程图

（二）耳朵的雕刻

【学习目标】掌握耳朵的雕刻技法。

【原料准备】南瓜。

【工具准备】切刀、平面刻刀、U型戳刀。

【制作方法】见图2-105。

- 用刀下出耳朵的大形。
- 刻出耳朵的外轮廓。
- 刻画出耳蜗。
- 细致刻出耳朵的结构。

【注意事项】耳朵的形态大小，比例关系均匀。

【运用】雕刻圆雕头像时使用。

图2-105　耳朵制作流程图

（三）嘴的雕刻

【学习目标】掌握嘴的雕刻技法。

【原料准备】南瓜。

【工具准备】切刀、平面刻刀、U型戳刀。

【制作方法】见图2-106。

- 首先用刀下出大形。
- 雕出嘴的突出部分。
- 刻画出嘴缝线。
- 明确嘴唇的轮廓，细致调整，达到完美。

【注意事项】嘴的形态大小，比例关系均匀。

【运用】雕刻圆雕头像时使用。

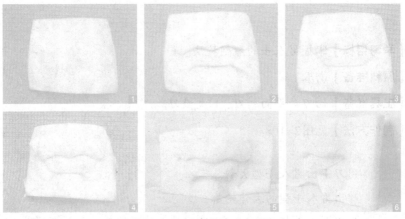

图2-106 嘴制作流程图

（四）鼻子的雕刻

【学习目标】掌握鼻子的雕刻技法。

【原料准备】南瓜。

【工具准备】切刀、平面刻刀、U型戳刀。

【制作方法】见图2-107。

- 用刀下出鼻子的大形。
- 用平口刀刻出鼻梁。
- 雕出鼻翼。
- 细致调整，达到完美。
- 鼻子的不同角度。

【注意事项】鼻子的形态大小，比例关系均匀。

【运用】雕刻圆雕头像时使用。

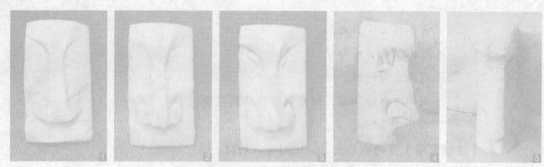

图2-107　鼻子制作流程图

（五）男人手的雕刻

【学习目标】掌握男人手的雕刻技法。

【原料准备】南瓜。

【工具准备】切刀、平面刻刀、U型戳刀。

【制作方法】见图2-108。

- 用刀下出男人手型大料。
- 雕出男人手型的大体轮廓。
- 用刀划出手指的层次，细致刻画出手指甲及手指的圆滑度。

【注意事项】手的形态大小，比例关系均匀。

【运用】雕刻人物全身像时使用。

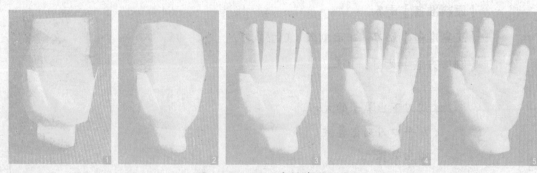

图2-108　男人手制作流程图

（六）女人手的雕刻

【学习目标】掌握女人手的雕刻技法。

【原料准备】南瓜。

【工具准备】切刀、平面刻刀、U型戳刀。

【制作方法】见图2-109。

- 用刀下出女人手型大料。
- 雕出女人手型的大体轮廓。
- 用刀划出手指的层次，细致刻画出手指甲及手指的圆滑度。

【注意事项】手的形态大小，比例关系均匀。

【运用】雕刻人物全身像时使用。

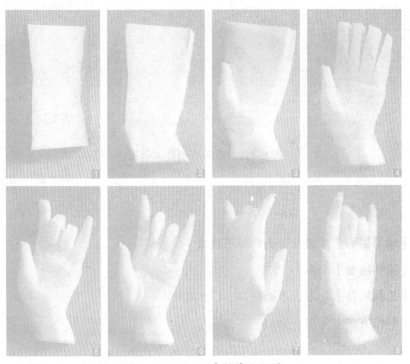

图2-109　女人手制作流程图

（七）寿星头的雕刻

【学习目标】掌握寿星头的雕刻技法。

【原料准备】南瓜。

【工具准备】切刀、平面刻刀、U型戳刀。

【制作方法】见图2-110。

- 用刀下出头部大形。
- 刻出寿星的前额。
- 明确三庭五眼。
- 刻画眼睛及鼻子、嘴。
- 最后完成。

【注意事项】头部的形态大小，比例关系均匀、刻画要精细。

【运用】雕刻人物全身像时使用。

图2-110　寿星头制作流程图

（八）仕女头的雕刻

【学习目标】掌握仕女头的雕刻技法。

【原料准备】南瓜。

【工具准备】切刀、平面刻刀、U型戳刀。

【制作方法】见图2-111。

- 选实心南瓜一块，用手刀打出一个大弧面。
- 先定出脸部的宽度，再定出头顶端发型。
- 用U型刀定出脸蛋长度后，在中间横推一刀。
- 用小刀、木刻刀刻出鼻翼及眼窝。
- 在鼻翼下用U型木刻刀推出嘴的宽度。
- 去除嘴角两侧的余料，定出耳廓。
- 修出上嘴唇，并去掉一层余料。
- 接着用小木刻U型刀推出下嘴唇。
- 用直刀开出眼睛，用小型U型刀及刻线刀修出发丝，修整光滑即可。

【注意事项】仕女头部的形态大小，比例关系均匀、刻画要精细。

【运用】雕刻人物全身像时使用。

图2-111　仕女头制作流程图

（九）渔翁头的雕刻

【学习目标】掌握渔翁头的雕刻技法。

【原料准备】南瓜。

【工具准备】切刀、平面刻刀、V型戳刀、U型戳刀。

【制作方法】见图2-112。

- 选一段实心南瓜，用U型刀推出发髻和脸部的宽度。
- 用U型刀推出额头及眉毛，并戳出眼窝和鼻梁。
- 用画线刀画出脸部及胡须的轮廓。
- 去掉胡须周围的余料，切出脸部的纵深，耳廓要和眼眉在一条水平线上。
- 修出耳廓的大小，分出胡须的层次并用直刀开出嘴部。
- 修出下嘴唇并去掉一层余料，顺带开出眼睛。
- 用画线刀画出眉毛及胡须的细线，并用V型刀推出发丝。
- 装上刻好的耳发和头巾。

【注意事项】渔翁头部的形态大小，比例关系均匀、刻画要精细。

【运用】雕刻人物全身像时使用。

图2-112 渔翁头制作流程图

（十）仕女的雕刻

【学习目标】掌握仕女的雕刻技法。

【原料准备】牛腿南瓜。

【工具准备】切刀、平面刻刀、U型戳刀。

【制作方法】见图2-113。

- 先将牛腿南瓜刻出仕女的大形。
- 刻出仕女的头部。
- 刻出仕女的身体大形，7~8个头长，仔细修出衣纹。
- 刻出两只手。
- 刻出衣纹、飘带，调整修改即可。

【注意事项】仕女的头部要突出，身形的比例要准确。

【运用】在宴席的寿宴中使用。

图2-113 仕女制作流程图

（十一）小孩的雕刻

【学习目标】掌握小孩的雕刻技法。

【原料准备】牛腿南瓜。

【工具准备】切刀、平面刻刀、U型戳刀。

【制作方法】见图2-114。

- 先将牛腿南瓜切去一头使其直立，再用大型刀切出头部大形，肩膀与头的连接口略呈圆形，以备刻耳朵用，还要在面部正面切下弧形的一刀，使脸部凹陷下去，使额头突出。
- 刻出小孩的头部。
- 刻出小孩的身体大形，4~5个头长，略驼背状，仔细修出衣纹。
- 刻出两只手，其中一只呈托举状，另一只手呈托举状。
- 修饰完成。

【注意事项】小孩的头部要突出，身形的比例要准确。

【运用】在宴席摆台装饰和菜肴中使用。

图2-114 小孩制作流程图

七、综合类雕刻技法实例

综合类雕刻技法要求有较好的食品雕刻基础，雕刻时要先构思，设计好所雕作品的形象，考虑好布局，然后按设计好的形象进行雕刻，要采用零雕整装的雕刻技法，组装时要使作品活灵活现。作品具有较高的艺术美感。

（一）等待的雕刻

【学习目标】掌握等待的雕刻技法。

【原料准备】白萝卜、牛腿南瓜、青萝卜或胡萝卜等。

【工具准备】切刀、平面刻刀、雕刻刀、U型戳刀、V型戳刀。

【制作方法】见图2-115。

- 取一个白萝卜，雕出鸟的大形，仔细刻出鸟头、翅膀羽毛、尾巴。
- 雕刻出鸟的腿部。
- 再雕出树枝和树叶和鸟组合在一起即成。

【注意事项】打大形要准确、优美；构图要和谐，刻画要细腻。

【运用】用于展台和宴席中较名贵的菜肴的装饰。

图2-115　等待制作流程图

（二）嬉戏的雕刻

【**学习目标**】掌握嬉戏的雕刻技法

【**原料准备**】牛腿南瓜、胡萝卜或青萝卜等。

【**工具准备**】切刀、平面刻刀、雕刻刀、U型戳刀、V型戳刀。

【**制作方法**】见图2-116。

> - 取牛腿南瓜打出两只鸟的大形，仔细刻出鸟头、鸟身、羽毛、尾巴。
> - 用胡萝卜雕刻出三朵小花和鸟装饰组合即成。

【**注意事项**】打大形要准确，刻画要细腻；构图要优美，造型要美观。

【**运用**】用于展台和宴席中较名贵的菜肴的装饰。

图2-116　嬉戏制作流程图

（三）鹦鹉展翅的雕刻

【**学习目标**】掌握鹦鹉展翅的雕刻技法。

【**原料准备**】牛腿南瓜。

【**工具准备**】切刀、平面刻刀、雕刻刀、U型戳刀、V型戳刀。

【**制作方法**】

> - 用牛腿南瓜刻出鹦鹉的身子和树藤。
> - 取两块牛腿南瓜刻出两只鹰的翅膀粘在鹦鹉的身上。
> - 最后刻出鹦鹉的尾巴组合在一起即成（图2-117）。

【**注意事项**】打大形要准确，刻画要细腻；构图要优美，造型要美观。

【运用】用于展台和宴席中较名贵的菜肴的装饰。

图2-117 鹦鹉展翅图

（四）天鹅戏莲的雕刻

【学习目标】掌握天鹅戏莲的雕刻技法。

【原料准备】南瓜、青萝卜、心里美萝卜。

【工具准备】切刀、平面刻刀、雕刻刀、U型戳刀、V型戳刀。

【制作方法】见图2-118。

- 取南瓜雕刻出两只天鹅。
- 用心里美萝卜雕刻出一朵莲花、用南瓜雕刻出莲叶。
- 用青萝卜雕刻出莲藕、水浪。
- 将天鹅、莲花、莲叶、水草组合在一起即成。

【注意事项】打大形要准确，刻画要细腻；构图要优美，造型要美观。

【运用】用于展台和宴席中较名贵的菜肴的装饰。

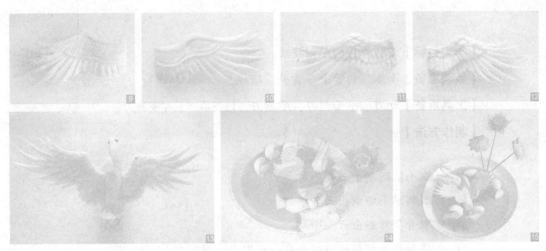

图2-118　天鹅戏莲制作流程图

（五）海豚嬉戏的雕刻

【**学习目标**】掌握海豚嬉戏的雕刻技法。

【**原料准备**】南瓜。

【**工具准备**】切刀、平面刻刀、雕刻刀、U型戳刀、V型戳刀。

【**制作方法**】

- 取一段南瓜雕刻出三只海豚嬉戏。
- 再在南瓜的空隙处雕刻出水浪。
- 修饰完成（图2-119）。

【**注意事项**】打大形要准确，刻画要细腻；构图要优美，造型要美观。

【**运用**】用于展台和宴席中较名贵的菜肴的装饰。

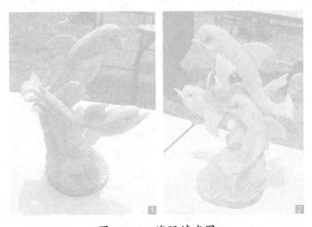

图2-119　海豚嬉戏图

（六）虾趣的雕刻

【学习目标】掌握虾趣的雕刻技法。

【原料准备】南瓜、胡萝卜、青笋、珊瑚。

【工具准备】切刀、平面刻刀、雕刻刀、U型戳刀、V型戳刀。

【制作方法】

- 取南瓜雕刻出六条小虾。
- 取胡萝卜雕刻出六条小虾。
- 取青笋雕刻出六条小虾。
- 将刻好的虾和珊瑚组合在一起即成（图2-120）。

【注意事项】打大形要准确，刻画要细腻；构图要优美，造型要美观。

【运用】用于展台和宴席的装饰。

图2-120 虾趣图

第三章

面塑装饰技术

[学习目标]

1. 了解面塑的概念、发展、面塑的表现形式
2. 面塑的分类、面塑的特点
3. 面塑的作用、面塑的应用
4. 掌握面塑的原料、工具的使用方法和面塑制作方法
5. 面塑装饰围边的注意事项及面塑作品的保存
6. 能够制作出面塑作品

第一节 面塑理论基础

一、面塑基础知识

（一）面塑的概念

面塑俗称面人，是我国流传甚广的一种民间工艺，面塑作品是以面粉、糯米粉等原料为主要原料，加入各种颜料调和均匀，运用双手或借助面塑工具，施以捏、挤、压、贴、剪、镶、挑等巧妙的手法捏成各种人物、动物、景物及花鸟鱼虫等形象，使其色彩艳丽、造型逼真、惟妙惟肖，深受人们的喜爱；用以装饰美化菜肴的一种雕塑技艺。

面塑艺术（图3-1）在我国有着悠久的历史和丰厚的文化底蕴，是中华传统文化的瑰宝，是劳动人民智慧的结晶。随着近几年餐饮业的不断发展与变化，在中外烹饪技术比赛和美食节上，都能观赏到面塑艺术。由于近年来面塑工艺不断创新，它由以前的观赏型发

展到现在的既可观赏又可食用的高档面点。

图3-1　面塑作品

（二）面塑的发展

面塑源于盛唐，发展于明清，是极具中国地方民族特色的传统手工工艺，具有原料易得、制作简便、容易成形、造型逼真、容易保存、实用性强等特点。面塑的制作有学院派和民间派两种。

面塑艺术在我国有着悠久的历史，前辈老艺人对这古老的民俗技艺的运用可以说达到了炉火纯青的地步，他们高超的技法，传承至今，是我们民族食艺文化的一份弥足珍贵的遗产，极需要培养一批又一批的新人，聚集一代又一代的能手，不断总结、继承和创新。

面塑是家喻户晓的一种民间艺术，具有浓郁的民族风格和很高的美学价值。从题材上讲非常广泛，几乎涵盖了历史、文学、宗教、民俗、美术等各文化领域，成为民族传统文化中的一道独特的风景线。它在我国有着相当久远的历史，自秦汉以来延绵了两千多年，古籍中均有记载。汉代迎神赛会上的傩舞，便有用面团塑成的鬼怪头部形象。据宋朝《事物纪原》载：诸葛亮南征，将渡泸水。土俗杀人首祭神，亮令杂用牛、羊、豕肉包之以面，像人头代之。馒头名始此。这可能是最早的有关面塑的文字记载了。新疆吐鲁番阿斯塔那地区出土的唐代永徽四年（公元653年）的墓葬中，发现有面制女俑头和面制半身男俑，这是所能见到的最早的面塑人物了。旧时的祭祀活动或节庆婚嫁风俗中，常将面塑作为供品或礼品使用，还可作为吉祥物来馈赠。如婚嫁喜庆制作"举案齐眉"、"榴开百子"；生日贺寿制作"八仙庆寿"、"麻姑献寿"、"大寿桃"；清明、寒食节制作"枣饽饽"、"飞燕"等，这些都是世代相传，脍炙人口的面塑作品。在改革开放的今天，面塑艺术更加展现了它的魅力，许多高质量的作品在国内外获得了很高荣誉，一些优秀的作品作为国家礼品馈赠国宾，在外贸、旅游方面，面塑艺术品也备受欢迎。

船点，是面塑艺术的一个分支，以其制作精细、造型逼真、色彩艳丽，既可食用，又可观赏的特点，成为我国食艺园中的奇葩。

船点相传起源于明代苏州的游船上，苏州地处江南水乡，水网交错、港汊纵横，自古便有载酒泛舟之风，明清此风日炽。苏州地方有盛行"船宴"之俗，"船宴"贵精而不贵多。船点产生于"船宴"之中，其魂为"精"。船娘们以米粉为原料，用纤纤素手捏制出形态各异、小巧玲珑的花鸟鱼虫，干鲜果品，作为"船宴"上的甜点小吃，烘托"船宴"之气氛，供游客们欣赏品味。船点，取江南之玲珑，水乡之秀美，经历代艺人厨师的继承与发展，形成了今天独具特色的系列面点。

面塑艺术在热菜、冷菜和面点装饰方面起到画龙点睛的作用，包装、美化菜点的形象，提升菜品的档次，用在宴席展台上烘托气氛，使人们更加深入领略中华饮食的精妙。

（三）面塑的表现形式

（1）插棍式 即在竹棍上进行的面塑。
（2）吊线式 在吊线上进行的面塑。
（3）浮雕式 用浮雕形式进行的面塑。
（4）整雕式 用整雕方式制作出不同造型的面塑。
（5）微雕式 用微雕方式制作出不同的造型的面塑。
（6）仿效式 模仿不同形象制作出不同造型的面塑等。

（四）面塑分类

1. 船点与面馍

船点起源于苏、杭一带，点心色彩丰富，象形多为瓜果、蔬菜等。其制作讲究，面团大多使用澄面加油和开水烫成半熟后揉匀，上色包馅，成形模样可以假乱真，能为宴会增加不少气氛，展现厨师的技艺水平。

面馍源于西北农村，多为发面和干果所制成。作品做成一定的模样蒸熟后，再用食用色素描绘出各种吉祥图案，多用于婚庆、寿宴、祭祀。

2. 棒上面塑

棒上面塑起源较早，主要由民间艺人现做现卖，多是一些儿童喜爱的各种动物和动画人物等，俗称捏面人。作品多数制作在签子上或铁丝环和纸板上，形态逼真可爱。

3. 收藏面塑

收藏面塑与众不同，它的要求比较高。作品要求制作精细，题材丰富，更要有收藏价值。收藏面塑发展较快，如道教人物作品"八仙"，佛教人物"十八罗汉"等，都属于收藏面塑。

4. 微雕面塑

微雕面塑分为核桃面塑和花生壳面塑，它的技艺要求极为苛刻，主要是在壳内做出各种类型的人物情景，同时人物表情丰富、传神，技法细腻、精湛。

5. 肖像面塑

肖像面塑是近些年发展起来的新品种，形式有现场塑像和照片定做两种，现场塑像的特点是快、准，一般需要30分钟左右完成。根据照片定做要求把平面的照片做出立体的效果，这需要一定的解相能力，作品较为精细逼真，肖像面塑颇受现代人的喜爱。

面塑还可以仿玉雕、仿象牙雕、仿漆雕、仿玛瑙雕，制作出来的作品相当逼真。

（五）面塑的特点

1. 成形快，作品需一次完成

创作面塑作品不像制作其他工艺品需要较长时间、多种工序才能完成。因为，面团有风干就不易成形的特点，所以要求面塑作品制作快速、一次成形。

2. 形象逼真、色彩鲜艳

优秀的面塑作品以其独有的特点吸引了广大中外宾客，人物的神态、面部表情真是七情上脸，令人拍案叫绝。在色彩选择上，可以根据不同人物的性格合理选用。

3. 制作精细、可大可小

面塑作品可根据不同的场合需要或大或小。小的可在核桃壳里制作，大的可做一二米以上的巨型作品；时而精巧细腻，时而粗犷奔放，人们的创造力能在面塑领域里任意驰骋。

4. 和谐悦目、内涵丰富

面塑以它特有的艺术感染力吸引着人们的注意力，可以说是雅俗共赏。由于很多面塑作品的题材取自历史典故。所以，要求面塑制作者应具有一定的绘画、解剖及文史等方面的知识。

5. 作品易于保存，可作为收藏品

虽然大多数菜肴的装饰以果蔬雕为主，但其不易保存；而面塑因配方独特则保存期长，并使中外许多收藏家将面塑当作艺术品珍藏。

（六）面塑的作用

1. 装饰美化菜肴

面塑作品观赏性强，和菜肴组合在一起能起到装饰美化菜肴的作用。

2. 烘托宴会气氛

大型面塑作品可以装饰美化宴饮环境，烘托宴会气氛。

3. 提高厨师的形象，展示厨师的技艺

由于面塑需要较高的造型技巧，所以，通过展示可以提高厨师的形象，展示厨师的技艺。

4. 提高餐饮企业知名度

通过展示可以提高厨师的形象，展示厨师的技艺，从而提高餐饮企业的知名度。

（七）面塑的应用

（1）小型面塑作品可以用于对某些菜肴或面点的点缀和装饰。

（2）二维平面面塑作品可以和冷荤拼摆一样作为看盘应用，三维大型立体面塑可以和食雕看盘一样应用于各种主题宴会。

（3）面塑花卉、人物、禽鸟、哺乳动物等各种组合造型还可以制作各种大型展台。

二、面塑的原料

面塑的原料有面粉、糯米粉、开水、蜂蜜、食盐、香油、澄粉和食用色素等。

三、面塑的工具（图3-2）

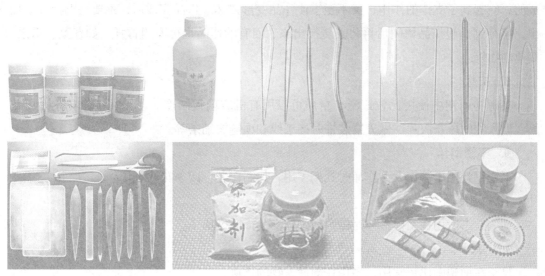

图3-2

1. 塑刀

塑刀分为1号、2号、3号，老一辈艺术家称为"拨子"，其材料多为有机玻璃或不锈钢制成，也有用牛角制成的。但最好不用竹或木质作工具，因为它容易和面团相互粘结。

塑刀长度为15厘米左右，两端是各种不同的刀口，面塑的大部分制作过程都是利用塑刀来完成的，如人物脸部、身体、衣纹等。

2. 扦子

扦子的材料同塑刀一样，长度为16厘米左右，一端是尖圆状，一端是圆头状，大部分人物头部的制作由扦子来完成的，如挑鼻子、压眼窝等精细部位的制作。

3. 剪刀

小型剪刀适用于做人物头发胡须、手脚的制作；大剪刀适用于做人物的灰服、飘带。剪刀多为不锈钢材质。

4. 梳子

梳子适用于做人物的衣纹、胡须、仕女项链、头饰或小竹筐、武士盔纹等，是最佳的辅助工具。

5. 镊子

镊子多使用在仕女头饰、项链的粘接，精细部位的接装等。

6. 毛笔

特制微型毛笔用做人物衣纹领边的描画：扁型毛笔使用较广，在面塑制作过程中用来给作品补充水分。用于面塑人物脸部着色或对整个作品上光。

7. 竹扦

竹扦在面塑制作过程中可称为骨架。塑造一些完善的面塑造型，基本上是在竹扦上完成的，它起到了支撑的作用，又不至于使作品变形摊坏。作品完成后，不要马上把扦子拔出，可等到面塑作品稍硬后再将其转拉出来，而有的作品也可不用竹扦，如蔬菜、瓜果、简单动物等。

8. 夹板

夹板在面塑中使用比较广泛，材质可以用有机玻璃板制作。多用在制作花朵时压花瓣、做人物时压衣服片、做人物装饰时搓细线和项链搓细条等。

9. 不锈钢丝

不锈钢丝用于制作大型作品时扎架子用，如制作龙、四季花仙等作品。

10. 细铜丝

细铜丝一般用在制作肖像时做眼镜，仕女装饰时做扇子。

11. 尺子

尺子在面塑中比较常用，多用在测量人物的比例。

12. 指甲油

用于对面塑作品的上光。

13. 石蜡

石蜡在面塑中使用比较广泛，做人物衣服时压片，揉面时可防止粘手。

14. 乳胶

乳胶用于作品粘接。用于粘接面塑与底座。

15. 彩珠

彩珠用于仕女作品装饰和点缀。

16. 广告色

广告色是面塑颜料之一，有国产颜料、进口颜料，常用的颜色有红、白、黑、黄、绿、蓝、肉色等。

17. 丙烯色

丙烯色用于作品的后期描绘。

18. 彩毛

彩毛可用于装饰小鸟和仕女的头饰。

19. 添加剂

添加剂是面塑制作中不可缺少的原料，可防止面团变质，作品干裂。还可以使作品有更好的质感。同时可让面团增加可塑性，使用过程中可防止面团粘手。

20. 甘油

甘油放入面团中起到保湿的作用，无色透明可代替蜂蜜使用。

21. 压纹尺刀

形似尺子，一侧呈刀刃状，主要用来压面塑人物的衣服，衣带或者切割、压纹时使用。

22. 锥子

文具店有售。面塑用锥子，主要是往底座上打孔，然后将带有面团的竹扦沾上乳胶，插入打孔的底座上；待乳胶风干后，塑好的作品就直接插放在底座上了。

23. 擦手油

将蜡与色拉油混合即可，蜡与油的比例为1∶4。做法是，先将蜡掰成小块，放在色拉油的锅里；锅上火将油烧热，待蜡全部熔化后，离火，倒入容器里冷却即可。制作面塑前，可抹一些擦手油在手上和竹扦上，以防止粘贴之用。

24. 钳子

五金工具店有售，用于整齐地钳断竹扦等。

四、面塑制作技法

（一）面团原料的配比

配方一：澄面500克、精盐30克、色拉油50克、开水300克、食用色素适量。其特点是可塑性差，易干裂。

配方二：富强粉500克、糯米粉200克、精盐40克、蜂蜜50克、色拉油60克、开水400克、食用色素适量。其特点成品可塑性强，不易干裂。

（二）面团的制作

配方一：先将澄面和精盐混合均匀，倒入开水烫面，待面醒好，倒入油，揉搓滋润，加入色素，调制成所需的彩色面团，用保鲜袋包好备用。

配方二：先将富强粉、汤圆粉和精盐混合均匀，倒入开水烫面，再将其制成3厘米厚的面片，入锅蒸或煮30分钟，取出，加入蜂蜜、色拉油、食用色素，揉搓滋润，用保鲜袋包好备用。

（三）面团的特点

配方一：质感强，光洁度好，但可塑性稍差，容易干裂，适用于各类花卉、蔬菜、瓜果等造型的塑造。

配方二：质感和光洁度稍差，但可塑性极强，不易干裂，适用于禽鸟、哺乳动物、人物等造型的塑造。

（四）面团的调色

1. 调色用色素

民间工艺面塑主要突出艺术欣赏性，要求保存时间较长，一般选用色彩稳定但不能食用的国画色或油画色进行调色；烹饪面塑主要突出食用性，艺术欣赏性次之，一般采用食用色素中的天然色素（动物、植物、微生物色素）和人工合成色素。

（1）天然色素主要有 叶绿素（绿菜汁）、红曲色素、玫瑰红、焦糖色、胡萝卜素（橙红、橙黄）、姜黄粉、玉米黄、红花黄色素、辣椒色素（红、黄）、甜菜红色素、紫草色素（蓝）。

（2）人工合成色素有 苋菜红、胭脂红、柠檬黄、日落黄、靛蓝等，要根据食品卫生法相关规定，限量使用。

2. 经常应用的面团

面塑中用本色面团、白色面团、黑色面团、桃红色面团、大红色面团、橙黄色面团、深蓝色面团、肤色面团（由朱红、黄色、白色面团调和而成）。

3. 面团调色

（1）将大块本色面团分成若干小面团，将小块面团撵压成长宽比为6∶1的厚片，将所需色素均匀涂抹于厚片中间，将厚面片卷成筒状，将圆筒状面团拧成麻花状，揉搓均匀。添加色素时应少量多次加入，以防色泽过浓。

（2）为便于塑造，彩色面团一般按本色、白色、黄色、红色、绿色、蓝色、黑色由浅到深、由暖到冷的顺序摆放，并留有一定间隙，以防串色。

（3）烹饪中面塑面团的用量应根据塑造作品的多少及使用时间的长短酌情调制，并将其置于保鲜袋内，入冰箱冷藏，一般可使用一周左右。传统工艺面塑因为加入苯酚等防腐剂，可提前一周到半月调制，用保鲜袋常温保存。

4. 面塑常用的面团颜色

面塑中常用的面团颜色约七八种，例如肉色、红色、白色、黑色、绿色、黄色、蓝色、原色等。将这些带颜色的面团相互搓揉即可起到调色的作用例如：

肉色＝白色＋红色＋黄色＋本色

橙色＝红色＋黄色

紫色＝红色＋蓝色

棕色=红色+黑色

绿色=黄色+蓝色

灰色=白色+黑色

此外，面团分量及配比不同，面团颜色的深浅程度就不一样。只有正确、熟练地掌握面团颜色的调配，才能不断使其色彩变幻，使面塑作品达到更佳的艺术效果。

（五）面塑制作步骤

确定主题——设计造型——调制面团——制作骨架——初坯塑造——细工塑造——整体修饰——组合应用。

如确定主题为荷花仕女，然后根据荷花仕女的外部特征和造型进行认真设计。将调制面团根据其作品颜色需求进行调制，制作骨架用竹扦经火烤制定形，用白纸条粘上乳胶，缠在竹扦上，以免面团在竹扦上滑动。将肉色面团捏成仕女的头部，根据其动态、位置、大小，用塑刀压出眼眶、鼻梁，用塑刀另一端挑出鼻孔，然后细工塑造嘴。用黑色面团搓成眉毛状和眼睛，镶嵌上白色面团作白眼球。然后以头部为基准对荷花仕女的身高比例、形状特征、动作造型进行确定。整体修饰是对荷花仕女的头部五官、动作、肢体（包括手、脚、肩、肘、膝、腹、胸、腰等）及衣服颜色和主体纹理认真地塑造，然后根据菜点要求组合应用即可。

（六）面塑制作技法

1. 揉

将大块面团放于面板，用双手反复搓压，使面团滋润的技法，或将小块面团放于左手掌心，用右手手掌或单一手指指肚紧附于面团表面，均匀用力做同心圆运动，使面团成为圆球（珠）的技法。

2. 搓

将面团放在左手掌心，双手合拢或用右手单一手指紧贴面团，均匀用力前后运动，使面团成为粗条状的技法。

3. 延

将搓好的粗条状面团放于左手掌心，右手中指和食指紧附于粗条中间，前后搓动，同时两手指逐渐向两边分开，使面团由粗条变为细条的技法。

4. 揿

将面团放于左手掌心，右手大拇指紧附表面，向前用力按压，使之成为薄片状的技法。

5. 拨

将揿压成薄片的面料，用面塑刀反复刮、划，使面片成为团簇状花草的技法。

6. 卷

将片状面团有规律地团在一起，或将长条状、管状、丝状（菊花花瓣）弯曲成形的技法。

7. 挑

用面塑雕刀上下轻轻运动塑造成形的技法，如眼睛、鼻子的塑造。

8. 嵌

将小面团嵌入较大面团内部的技法，如眼珠的塑造。

9. 贴

将小面团粘于较大面团表面的技法，如眉毛的塑造。

10. 压

用压板或手掌将面团压成各种规格薄片的技法，或用碌子粗端挤按眼窝、嘴角的技法。

11. 裹

用一种薄片状面团给另一种球形或其他形状面团"穿衣"的技法。

12. 剪

将压成片状或包裹成球状的面团用剪刀塑造成形的技法。

五、面塑装饰围边的注意事项

（一）制作面塑作品时，要掌握好各种原料的配比

制作面塑作品时，要掌握好各种原料的配比。原料配比正确才能保证制作出合格的面塑作品。

（二）制作面塑作品时，要掌握好色彩的调配

色彩的调配非常重要，要有一些色彩调配的基础知识，能够准确的调配出各种不同的色彩。

（三）制作面塑作品时，要选择吉祥美好的形象

面塑作品的形象要选择吉祥美好的图案，这样制作出的面塑作品才能赢得顾客的喜爱。

六、面塑作品的保存

制作出好的面塑作品很关键，但更为关键的是怎样将面塑作品长久保存。

随着现代科学的发展，技术的更新，添加了防腐剂的面塑作品一般都能达到不发霉、不生虫、不开裂的效果。但是，要想长期保存好，还要注意一些常识性问题。

（一）注意卫生

在制作过程中一定要注意卫生，清洁双手和工作环境等，以免污染面团导致面团发霉。

（二）作品完成后需放置在通风处晾干

收藏型的面塑作品主要怕潮，需要封装起来，可以起到防尘、防潮的作用。一些小的作品有小的玻璃罩和底托，大的作品都有玻璃宝笼和工艺盒包装。

七、面塑的学习

（一）美学知识

学好面塑，要打好基础，要了解、掌握相应的工笔、素描、色彩、透视、构图等美术绘画知识，这是学好面塑技艺的根本保障。

（二）民俗知识

熟知和掌握我国各民族与福禄寿喜等相关的生活习俗、礼仪知识，是进行面塑作品创作的生命源泉。能够展示民俗文化，活跃群众生活。

（三）烹饪知识

熟知每一道菜点的色、香、味、形、质、器、意及各种主题宴会的性质，是使面塑作品能够和烹饪活动有机结合的必备条件。掌握这一点，才能将面塑作品和菜肴有机结合起来。

（四）吃苦创新

学习面塑技艺不仅要刻苦钻研、勤奋学习，还要打破常规，勇于创新，这样才能创作出具有鲜明个性和生命力的好作品。

第二节　面塑实例训练

一、月季花

【原料】面团、乳胶、色素。

【工具】木梳、面塑刀、竹扦、面塑板、剪子、镊子。

【制作方法】见图3-3。

- 取一块红色面团，分成9等份，并搓成枣核状。
- 用塑刀宽头分别将面团压成一边薄一边厚的花瓣状。
- 取一块压成花瓣状的面片，厚边朝下从一侧卷成花心。
- 另将3片面片交错包住花心，不要重叠，将底部捏紧。
- 最后三片要一次包住，第一片要压住第二片。
- 把花瓣向外稍翻，整形，成为花朵。
- 用绿色面团做成花叶状，衬在花朵底部即可。

【特点】形色逼真，装饰性强。

【运用】用于面点的装饰。

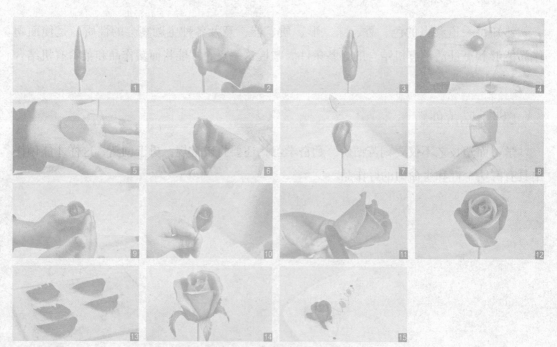

图3-3　月季花制作流程图

二、龙

【原料】面团、乳胶、色素。

【工具】木梳、面塑刀、竹扦、面塑板、剪子、镊子。

【制作方法】见图3-4。

- 取一块黄色面团，搓成球状。
- 用塑刀戳出鼻子、眼、嘴、龙角、龙须。
- 用红色和绿色面团分别塑造出龙身、龙腿。
- 用黄色面团捏塑出胳膊和手粘上即成。
- 放入盘中即可对菜肴进行装饰。

【特点】形色逼真，装饰性强。

【运用】用于面点、菜肴的装饰。

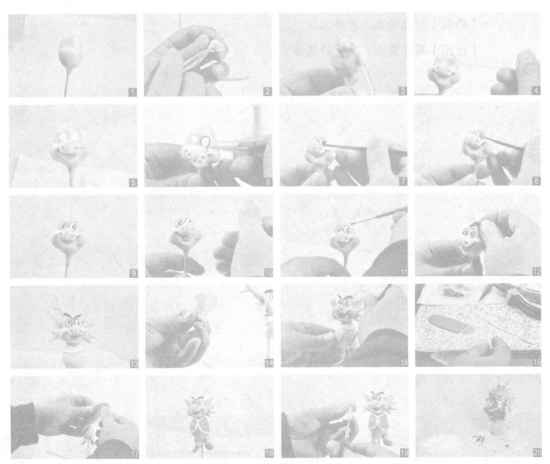

图3-4　龙制作流程图

三、牡丹花

【原料】面团、乳胶、色素。

【工具】木梳、面塑刀、竹扦、面塑板、剪子、镊子。

【制作方法】见图3-5。

- 取一块黄色面团做出一个花蕊。
- 用粉红色面团和白色面团柔和一起做成白红相间花瓣基础形态。
- 取一块压成花瓣状的面片，厚边朝下从一侧卷成花心，包住花蕊。
- 另将3片面片交错包住花心，不要重叠，将底部捏紧。
- 最后三片要一次包住，第一片要压住第二片。
- 把花瓣向外稍翻，整形，成为花朵。
- 用绿色面团做成花叶状，衬在花朵底部、用杂色面团做成枝干组装在一起即可。

【特点】形色逼真，装饰性强。

【运用】用于面点、菜肴的装饰。

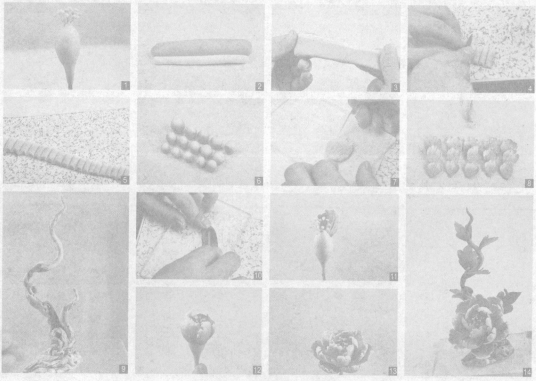

图3-5　牡丹花制作流程图

四、男孩

【原料】面团、乳胶、色素。

【工具】木梳、面塑刀、竹扦、面塑板、剪子、镊子。

【制作方法】见图3-6。

- 取一块肉色面团做出男孩的头部。
- 取绿色、红色、黄色面团做出男孩的身子。
- 取一块红色面团、蓝色面团做出装饰。
- 组合好即成。

【特点】形色逼真，装饰性强。

【运用】用于面点、菜肴的装饰。

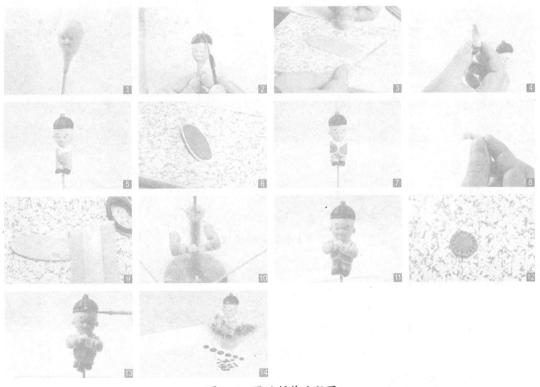

图3-6　男孩制作流程图

五、水仙

【原料】面团、乳胶、色素。

【工具】木梳、面塑刀、竹扦、面塑板、剪子、镊子。

【制作方法】见图3-7。

- 取一块红色面团和白色面团揉成粉白色面团。
- 用粉白色面团做成水仙花的花朵。
- 取一块绿色面团做出水仙花的叶子。
- 取一块白色的面团做出水仙花的白色身子。
- 取一块杂色面团做出水仙花的石头底座。
- 组装放入盘中即成。

【特点】形色逼真，装饰性强。

【运用】用于面点、菜肴的装饰。

图3-7　水仙制作流程图

六、双色月季花

【原料】面团、乳胶、色素。

【工具】木梳、面塑刀、竹扦、面塑板、剪子、镊子。

【制作方法】见图3-8。

- 取一块红色面团和白色面团揉成粉白色面团，将面团制作成椭圆胚型。
- 用椭圆胚型做成许多粉白色的花瓣。
- 取一块压成花瓣状的面片，厚边朝下从一侧卷成花心。

- 另将3片面片交错包住花心，不要重叠，将底部捏紧。
- 最后三片要一次包住，第一片要压住第二片。
- 把花瓣向外稍翻，整形，成为花朵。
- 用红色面团按同样的方法做成红色月季花。
- 用绿色面团做成花叶状，衬在花朵底部即可。

【特点】形色逼真，装饰性强。

【运用】用于面点、菜肴的装饰。

图3-8　双色月季花制作流程图

七、荷花

【原料】面团、乳胶、色素。

【工具】木梳、面塑刀、竹扦、面塑板、剪子、镊子。

【制作方法】见图3-9。

- 取一块白色面团，将面团制作成椭圆胚型。
- 用椭圆胚型做成许多白色的花瓣，并用喷枪在花瓣尖部喷上粉红色。
- 取一块绿色面团，黄色面团制成莲蓬、荷叶。
- 取一块杂色面团做成石头。
- 将花瓣、莲蓬、荷叶粘接组合到一起即成。
- 将荷花放入盘中即可对面点和菜肴进行装饰。

【特点】形色逼真，装饰性强。

【运用】用于面点、菜肴的装饰。

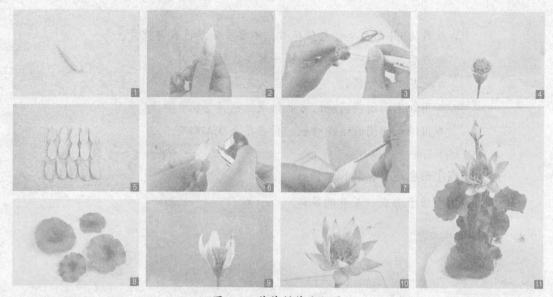

图3-9　荷花制作流程图

第四章

巧克力雕装饰技术

[学习目标] ┇┇

1. 了解巧克力雕的概念、发展及表现形式
2. 了解巧克力雕的分类、基本特性、特点
3. 了解巧克力雕的作用、应用
4. 掌握巧克力雕的原料、工具、制作方法
5. 巧克力雕装饰围边的注意事项，巧克力雕作品的保存
6. 能够制作出巧克力雕作品

第一节　巧克力雕理论基础

一、巧克力雕基础知识

（一）巧克力雕的概念

巧克力雕是用巧克力制作成各种不同的花、鸟、鱼、虫、人物、动物、景物等美好形象，用以装饰美化菜肴，烘托宴会气氛的一种雕刻技艺（图4-1）。

图4-1 巧克力雕作品

（二）巧克力的基本特性

巧克力是由可可制品（可可液块、可可粉、可可脂）、白砂糖、乳制品和食品添加剂等为基本原料，经混合、精磨、精炼、调温、浇模成形等科学加工而成的，具有独特的色香味，质感细腻润滑，高热值的固态食品。

1. 巧克力的热敏感性

巧克力的分散体系是以油脂作为分散介质的，所有固体成分分散在油脂之间，油脂的连续相成为体质的骨架，巧克力的油脂主要为可可脂，含量在30%以上，可可脂的熔点在35℃左右，因此，巧克力在温度达到30℃以上渐渐软化，超过35℃以上渐渐熔化成浆体，特别是才制成的巧克力晶体结构还没有稳定时，极其容易受热熔化。

巧克力的质构随着存放时间延长，热的敏感性会发生变化，除了可可脂转变成最稳定的晶型外，引入少量水分可以使可可脂的正常表面分散润滑作用被分裂开来，因此有些抗热巧克力采取加入少量还原性糖作为吸湿剂使其吸收少量湿汽通过可可脂晶格之间的空隙，促使白砂糖晶体之间连接起来，形成微弱的糖体网络，就会加速变成不易变形的耐热性能；还有些报道在巧克力配方中加入少量还原性糖成形后将其密封包装起来，存放一定时间也可以渐渐产生抗热性能。因此，一般巧克力本身也存在有还原性糖如乳糖和含水量随着存放时间延长，也会渐渐形成受热不易熔化的抗热性织构变化，存放时间越长，越有抗热性能。

2. 巧克力的光泽度

巧克力的光泽度是指产品表面的光亮程度。巧克力的光泽是可可脂形成细小的稳定晶体带来的光学特性。

巧克力的光泽度，极易受环境温度和湿度的影响，当温度由25℃逐步上升到30℃以上时，表面的光泽开始黯淡并消失，或相对湿度相当高时，巧克力表面的光泽也会黯淡并消失。这是因为脂肪和白砂糖的晶体受热和湿气的影响，结晶体的消变而失去光学散射特性。因此要注意生产和贮存环境的温湿度变化，才能保持巧克力的光泽度。

3. 巧克力常见的质量变化

（1）发花发白 在生产制造时不适宜的操作或不相容的油脂混合，以及不良的保存条件，巧克力表面有时会出现不同程度的发花发白现象。这种现象除了工艺操作以外，主要受到温湿度的影响；当巧克力长时间处在25℃以上，熔点低的油脂熔化并渗出到巧克力表面，当温度下降时，油脂重新结晶形成花白。同样相对湿度相当高时，巧克力表面湿气增加使白砂糖晶体溶化，当相对湿度降低时，溶化的白砂糖又开始重新结晶形成糖的花斑。这两种现象实际上以油脂结晶形成的花白为多。

（2）渗油　巧克力是一种分散非常均匀的组织结构，一般保存良好的不会渗油，但过高的储存温度，或不适宜的储存环境，都会引起巧克力油脂熔化渗到表面的现象，时间长了甚至会渗透到包装纸外面，往往影响巧克力质构，在味觉上还有不同程度的陈宿味，甚至哈味。

（3）出虫和蛀蚀　巧克力特别含有果仁和谷物类的巧克力，在湿热的季节里和不良的环境中，会诱发虫害和蛀蚀。巧克力出虫和蛀蚀是由于工艺制造上的不严密，生产和储存条件不符合卫生要求而引起的。为了防止巧克力出虫和蛀蚀。在生产上应加强全面管理，特别要做好原料、半成品和成品的质量把关和验收工作，注意生产和储存中的卫生条件。

此外，巧克力还具有易于吸收其他物品气味的特性，因此巧克力不宜与有气味的物品混放在一起储存。

根据巧克力特性，巧克力要求最佳储存条件温度在12~18℃，不超过20℃，相对湿度60%~65%，这样才能保证巧克力品质稳定。

（三）巧克力的分类

巧克力的种类很多。巧克力基本上分为纯巧克力和巧克力制品两大类，纯巧克力是生产历史最长的一类巧克力，也是制造一切巧克力制品的基础；巧克力制品实际上是纯巧克力和其他各类可食物包括糖果芯料、各种果仁、焙烤米面等组合而成的品种繁多的制品。

（1）纯巧克力　纯巧克力由于油脂原料性质和来源不同，又分为天然可可脂纯巧克力和代脂纯巧克力。无论天然可可脂还是代脂纯巧克力，按其不同原料组成和生产工艺，它们又都可分成三种不同的品种类型，即香草型纯巧克力、牛奶型纯巧克力和白纯巧克力。

① 香草型纯巧克力是一种有明显苦味的棕黑色的巧克力，根据其加糖多少又有甜、半甜和苦巧克力之别，国外称为黑巧克力或清巧克力。

② 牛奶型纯巧克力是一种在巧克力中加入大量乳和乳制品，呈浅棕色具有可可和牛奶风味的优美巧克力。

③ 白纯巧克力型是不含非脂可可固形物的，即不添加可可液块或可可粉的浅乳黄色白巧克力，以可可脂或代脂为基础的具有丰富的牛奶风味巧克力。

（2）巧克力制品　利用各种相宜的糖果、果仁或膨松米面类制品等作为芯子，在表面以不同的工艺方法覆盖上不同类型的纯巧克力，或在不同类型的纯巧克力中间注入不同芯料，或在各种不同类型的纯巧克力混合上各种不同类型的果仁而制成不同形状，不同织构和不同风味的花色品种等，称为巧克力制品。

根据巧克力制品的组成和生产工艺技术的不同，基本上分为以下几个种类：

① 夹心巧克力：各种焙烤制品或相宜的糖果制品，在外面覆盖一层纯巧克力，形成

芯料夹在巧克力中间的产品，例如巧克力威化、各种巧克力夹心糖果、巧克力酒心糖等；不同的奶油芯料、果仁浆或水果酱浇注在巧克力中间，例如果味奶油巧克力、草莓果酱巧克力、各种果仁酱巧克力等。国际上对夹心巧克力的名称作了规定：凡外层纯巧克力用量低于60%的，称为巧克力糖果，例如巧克力酒心糖、巧克力牛轧糖等；凡外层纯巧克力用量超过60%的，称为巧克力，例如牛奶杏仁浆巧克力、苹果果酱巧克力等。

　　② 果仁巧克力：以各种整粒、半粒或碎粒的果仁，按一定比例与纯巧克力相混合，用浇注成形的生产工艺，制成各种规格和形状的排、块、粒的产品。例如杏仁、榛子或花生等牛奶巧克力，或各种不同形状的什锦果仁巧克力等。

　　③ 抛光巧克力：抛光巧克力有两种类型：一是以各种相宜糖果、果仁、膨松米面类制品作为芯子，在外面用滚动挂衣成形和抛光工艺，覆盖一定厚度的纯巧克力，然后抛光，制成表面十分光亮，呈圆球形、扁圆形、椭圆形等不同形状的制品。例如，膨松米粒抛光巧克力、麦丽素抛光巧克力、软糖抛光巧克力，以及整粒杏仁、花生或夏威夷果等抛光巧克力；二是以纯巧克力制成不同形状的芯子，在巧克力芯子的表面，反复挂上砂糖糖浆，表面覆盖一层薄薄的糖衣，然后抛光制成不同形状的糖衣巧克力。例如，圆豆形糖衣巧克力和蛋形糖衣巧克力等。

（四）巧克力雕的特点

1. 食用性强，口感香甜
巧克力的口感香甜、味浓，其食用性很强，应用较广。

2. 可塑性强
巧克力具有可塑性强的特点，能够塑成各种形象。

3. 装饰效果突出
由于巧克力能够塑成各种形象，特别是吉祥美好的形象，所以装饰效果特别突出。

4. 易于回收反复使用
巧克力作品成形后，还可以回收再制作成其他不同的造型。

（五）巧克力雕的作用

1. 装饰美化菜肴
巧克力作品和菜肴放在一起，能够起到装饰美化菜肴的作用。

2. 烘托宴会气氛
大型巧克力作品在宴饮环境中可以美化烘托宴会的气氛。

3. 提高厨师的形象，展示厨师的技艺
能够制作出美好的巧克力造型，可以提高厨师的形象，展示厨师的技艺。

4. 提高餐饮企业知名度
餐饮企业能够使用巧克力雕作品来宣传自己，能够提高餐饮企业知名度。

（六）巧克力雕的应用

（1）利用巧克力插件放在盘子的边缘装饰美化菜肴。

（2）利用大型巧克力雕放在宴饮环境中装点美化宴饮环境，提高宴饮的档次水平。

二、巧克力雕的原料

巧克力雕的原料（图4-2）可以选用褐色巧克力和白色可可脂两种原料。

目前国内常见的巧克力原料品牌很多，其中较为纯正、品质较好的有卡玛、瑞士莲等，它们一般都是1千克一包的。巧克力原料的颜色一般有三种，即黑色、棕色和白色。黑色的巧克力含糖量较低，味道比较苦；棕色的巧克力是牛奶巧克力，口感非常好，深受人们欢迎；白色的巧克力是用可可油与奶和糖混合在一起制成的，并不是严格意义上的巧克力。因为没有加入可可粉，但用它添加油性色素，便可以调制出各种颜色的巧克力。

图4-2 巧克力雕原料

三、巧克力雕的制作工具

巧克力雕的制作工具（图4-3）有抹刀、大理石桌面、刮板、西点刀、塑料水管、三角刮板、长方形纸条、防粘烤盘纸、半圆长条慕斯模、烤盘纸、木铲、平底锅、不锈钢盆、打蛋器、筛网、橡皮刮刀和各种不同的模具等。

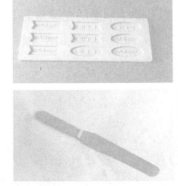

图4-3 巧克力雕制作工具

四、巧克力雕制作技法

（一）巧克力雕的工艺方法

（1）运用切、铲、卷等方法制作成各种形态的作品。一般工艺方法是用隔热法将巧克力溶化，待巧克力降至使用温度时，将其抹到油纸或平整的大理石板上，待制品凝固后，根据作品所需用刀加工成一定形状的制品。如花鸟鱼虫、动物图像等。用于表面装饰，也可用刀刮成花卉的形状（图4-4）。

图4-4　巧克力雕工艺方法

（2）将巧克力熔化至使用温度时，装入裱花袋内，根据需要在油纸上挤出各种图形装饰品。如松鼠、玉兔、金鱼、花卉、花边、花纹等。

（3）通过使用象形模具，将巧克力成为装饰品。制作方法是将巧克力熔化，装入模具中，形成各种类型的巧克力制品，如花鸟鱼虫及各种小巧玲珑的巧克力制品等。

（4）用巧克力面胚制作装饰物。巧克力面胚是制作大型巧克力雕的优良原料。用巧克力面胚制作成巧克力作品，不仅可塑性强而且不易熔化，无论硬度还是柔韧性都比一般巧克力好。如景观、人物、动物塑造等。

（二）巧克力雕制作要点

（1）制作巧克力的关键，是必须掌握巧克力的熔化温度、使用温度和环境温度。巧克力的熔化温度要控制在50℃以下，夏季最高不得超过55℃，巧克力的使用温度要根据巧克力中可可脂的含量及制品要求灵活运用，制作巧克力雕的温度应保持在20~25℃为宜。

（2）制作巧克力雕时，动作要迅速，手法要熟练，使其制品质感光滑，形态美观。

（3）制作巧克力雕时，一定保持台案、工具清洁干燥，以免影响制品的光泽与卫生。

（4）巧克力作品应存放在15~20℃的恒温室内，使其保持有效时间不会熔化和变质。

（三）巧克力雕制作步骤

1. 选择原料

选择原料品牌："卡玛"、"瑞士莲"等；

原料分类：黑色巧克力（味苦）、棕色巧克力（牛奶巧克力，口感好）、白色巧克力（由可可油、奶、糖混合在一起制成，未加入可可粉）。

2. 原料熔化

要将大块纯正的巧克力原料制作成小块的巧克力，需要先将巧克力熔化。

巧克力的熔化分为直接熔化法和后加热熔化法两种：

（1）直接融化法　有隔热水熔化、微波炉熔化和用巧克力专用熔化炉熔化。

① 隔热水熔化：热水的温度在60℃左右最佳。将切碎的巧克力放在已擦干水的容器里，然后将该容器放在热水里。当巧克力变成液状时，用一长柄的小匙按顺时针方向搅拌。

要点：

- 注意不要让容器进水，否则巧克力会越搅越硬。
- 要按同一个方向搅拌，这样可以避免巧克力内进入空气而产生气泡。
- 多搅拌会加快巧克力的熔解和令巧克力更软滑细腻，光泽度好。
- 热水的温度在60℃为佳。太高的温度会令巧克力油质分离。

② 微波炉熔化：将一容器盛切成碎块的巧克力放入微波炉，用中火熔解2分钟左右，然后拿出来用长柄的小匙顺时针搅拌。

要点：

- 容器必须是无水的，而且不能用不锈钢等微波炉不适用的容器。
- 要按同一个方向搅拌，这样可以避免巧克力内进入空气而产生气泡。
- 多搅拌会加快巧克力的熔解和令巧克力更软滑细腻，光泽度好。
- 尽量避免一次在微波炉中的时间过长，可分开次数来加热。

③ 巧克力专用熔化炉熔化：将切碎的巧克力放在已擦干水的巧克力专用熔化炉容器里，将温度调到60℃，然后按上述的方法搅拌即可。

要点：

- 容器必须是无水的，而且不能用不锈钢等熔化炉不适用的容器。
- 要按同一个方向搅拌，这样可以避免巧克力内进入空气而产生气泡。
- 多搅拌会加快巧克力的熔解和令巧克力更软滑细腻，光泽度好。
- 搅拌后将炉的温度调到30℃，这样可以保持巧克力不会凝结。如果过一段时间使用要盖上盖子，以免结皮，到使用时按顺时针方向搅拌一下光泽度会更好。

（2）后加热熔化法　当我们前一次做出来的巧克力成品用不完又不想浪费的话，便可将这些留到下次再用。方法是：将这些成品完全熔化后，再用保鲜纸包好或加盖盖子。注意：熔解时的水温不要过高，否则会令巧克力的表面上有一层白膜。

3. 制作巧克力的温度

巧克力完全熔化后，巧克力的温度大概在40℃或以上，质软滑且稀，不适用来铲花、铲卷、吊线。要经过调温后才适合。最好将温度调到32℃左右。

调温有两个方法：

① 将已熔化的巧克力中加入切得很碎的巧克力（份量约为已熔化的巧克力的1/5），然后按顺时针方向搅拌，待巧克力全部熔解后整体温度就会下降，质地也会由稀变稠，用来铲花、铲卷时抹在案上就会厚薄适中，吊线时不会散开，且线条幼细。

② 从已熔化的巧克力中倒出一半或三分之一在案板上，用铲刀拌几下，待巧克力开始有些变稠时，再铲回原来的容器中，再用小匙顺时针方向搅拌，这样也很容易就把巧克力的温度快速降下来。

制作巧克力时一定要掌握好温度。其中"卡玛"、"瑞士莲"等品牌的原料对温度的要求较高，如果温度掌握不好，制作出来的成品会出现缺少光泽、容易吐奶、泛白、不易脱模等现象。"卡玛"、"瑞士莲"熔化后，待冷却到用嘴唇能感觉到凉的时候，即可用于制作。如果时间紧迫，则可把熔化的巧克力倒在干净的大理石或纸上，用抹刀反复搅拌至冷却。

与"卡玛"、"瑞士莲"相比，"鹰牌"、"晶牌"等巧克力原料对温度的要求不高，熔化后冷却到温热的时候即可用于制作，且易于脱模、成形坚韧，只是成品的口感稍差一些。

4. 立体空心巧克力的制作

制作这种巧克力的模具通常有手掌般大小，由分开的两半组成，有各种各样的形状，使用时将两半合在一起，用铁夹子固定，即形成了一个完整的模具。

制作时先将模具擦干净，将模具的两半合在一起，用铁夹子固定好，再将熔化后冷却至适当温度的巧克力倒入模具中灌满，然后将模具翻转过来，将模具中的巧克力倒出，只让模具内壁沾上薄薄的一层巧克力。这时，再用抹刀从外面轻轻敲打模具，一方面使模具内壁上的巧克力层尽可能地薄一些，另一方面也可以避免成品出现气泡。然后将模具放在网架上，下面用盛器接着，让模具里多余的巧克力流到盛器里。等到模具里的巧克力快干时，用小刀将模具下端溢出来吊着的巧克力刮平。在保证成品不破碎的前提下，这种立体空心的巧克力还是薄一些的好，当然也不能太薄。因此，如果模具内壁的巧克力层挂得太薄，就需要再挂一次，以免成品破碎。等一切都弄好了，再将模具放入冰箱中冷藏。等到巧克力刚刚脱模时，取出，去掉夹子和模具，即成立体空心巧克力。

5. 巧克力模具的选用及翻制

（1）圣诞老人巧克力翻制　选黑、白可可脂两种、用刀将可可脂切成碎末，将可可脂碎末放入不锈钢盆中，将可可脂放在热水盆中隔水熔化，用裱花袋将巧克力挤入模具中，再将黑巧克力挤入模具中，将挤好的模具放入冷藏箱，将冷藏的模具反扣在桌面上即完成。

（2）圣诞快乐文字的翻制　用刀将可可脂切成碎末，将可可脂碎末放入不锈钢盆中，将可可脂放在热水盆中隔水熔化，用毛笔蘸黑色可可脂填入字体的凹处，再将白色可可脂挤入，覆盖在黑色可可脂的字体上，入冷藏箱，待冷却后，将模具反扣在桌面上即成。

（3）其他模具的翻制　用刀将可可脂切成碎末，将可可脂碎末放入不锈钢盆中，将可可脂放在热水盆中隔水熔化，然后将可可脂挤入树叶形模具，气球、菠萝模具，衣服、水桶模具中，入冷藏箱，待冷却后，将模具反扣在桌面上即成。

6. 巧克力插件的选用

巧克力插件（图4-5）有方块、心、三角、圆网、花杆；空心圆、方块、三角、圆网、心、花杆；粉色圆、粉色心、橙色花杆、黑色花杆、橙色花心；空心、三角、绿色长方体、黄色空心三角、红色长方块；螺旋条、花杆、扇面折花。

图4-5　巧克力插件

五、巧克力雕装饰围边的注意事项

（一）控制好温度

制作巧克力雕作品时，在低温情况下进行，温度不能过高。在一般情况下，在10~25℃较宜。

（二）存放温度不能过高

巧克力雕作品存放在较低室温为佳，温度越低，存放时间就越长。

（三）注意卫生安全

用巧克力雕模具制作的巧克力雕盛器，在装饰菜肴时，应在巧克力雕器物内用保鲜纸或铅纸隔离菜肴。

六、巧克力雕作品的保存

巧克力作品制作完成后要妥善保存，保存方法如下。

（一）巧克力原料和小型作品

（1）包装好巧克力以避免受潮和异味，放在阴凉干燥的地方可以存放最多六个月。

（2）买回来的巧克力如果是零卖（散装）的或是成包的巧克力包装上没有标明制造日期的，必须立即标明采购日期，同时不要将新买的巧克力和旧有的巧克力混在一起储存，这样在使用时才知道何者过期需淘汰不用。

（3）小型巧克力雕作品放入密封的盒子中放入温度较低的地方保存。

（二）大型巧克力雕作品

大型巧克力雕作品要用布包裹起来保存。

第二节　巧克力雕实例训练

一、巧克力插件制作

【原料】巧克力。

【工具】大锅、小锅、筷子、手套、平盘、电冰箱。

【制作方法】见图4-6。

- 用一个碗将巧克力放在锅里隔水熔化。
- 然后倒在模子里，再把模子放进冰箱。等它完全凝固了再拿出来就可以了。

【运用】用于菜肴蛋糕的装饰。

图4-6　巧克力插件制作流程图

二、巧克力蛋糕插件制作

【原料】巧克力蛋糕、插件。

【工具】大锅、小锅、筷子、手套、平盘、电冰箱。

【制作方法】

- 将巧克力蛋糕放入盘中。
- 在巧克力蛋糕上放上插件即成（图4-7）。

【运用】用于菜肴和宴会场所的展示。

图4-7　巧克力蛋糕插件

三、巧克力棒插件盘饰

【原料】巧克力。

【工具】巧克力插件、蛋白膏、红色车厘子、猕猴桃。

【制作方法】

- 在盘子上挤上蛋白膏。
- 插上切成片的猕猴桃和巧克力插件。
- 在旁边放上车厘子即成（图4-8）。

【运用】用于菜肴的盘饰。

图4-8　巧克力棒插件盘饰

四、巧克力插件金鱼制作

【原料】巧克力。

【工具】大锅、小锅、筷子、手套、平盘、电冰箱。

【制作方法】

- 用一个碗将巧克力放在锅里隔水熔化。
- 然后倒在金鱼的模子里，再把模子放进冰箱。等它完全凝固了再拿出来就可以了（图4-9）。

【运用】用于菜肴、蛋糕的装饰。

图4-9　巧克力插件金鱼

五、巧克力梦想造型制作

【原料】巧克力。

【工具】大锅、小锅、筷子、手套、平盘、电冰箱。

【制作方法】

> ● 用一个碗将巧克力放在锅里隔水熔化。
> ● 将熔化巧克力倒入2厘米厚的盘子中冷却。
> ● 将巧克力用刀划成不同的几何形组合即成（图4-10）。

【运用】用于宴会场所的展示。

图4-10　巧克力梦想造型

六、巧克力组合造型制作

【原料】巧克力。

【工具】大锅、小锅、筷子、手套、平盘、电冰箱。

【制作方法】

- 用一个碗将巧克力放在锅里隔水熔化。
- 将熔化巧克力倒入1厘米厚的盘子中冷却。
- 将巧克力用刀划成不同的几何形组合即成（图4-11）。

【运用】用于宴会场所的展示。

七、巧克力蛋糕插件盘饰

【原料】巧克力蛋糕、插件。

【工具】大锅、小锅、筷子、手套、平盘、电冰箱。

【制作方法】

- 在盘子底部用巧克力膏划出四条平行长短不一的线。
- 将巧克力蛋糕放入盘中。
- 在巧克力蛋糕上放上插件。
- 在蛋糕的旁边放上青梅、十香菜和车厘子即成（图4-12）。

【运用】用于宴会场所的展示。

图4-11　巧克力组合造型　　图4-12　巧克力蛋糕插件盘饰

八、巧克力棒、片插件盘饰

【原料】巧克力。

【工具】巧克力插件、蛋白膏、红色车厘子、干燥青菜末。

【制作方法】

- 在盘子底部挤上蛋白膏。
- 插上巧克力插件。
- 在旁边放上车厘子和干燥青菜末即成（图4-13）。

【运用】用于菜肴的盘饰。

九、巧克力插件情趣盘饰

【原料】巧克力。

【工具】巧克力插件、蛋白膏。

【制作方法】

- 在盘子底部用巧克力膏划出优美的曲线。
- 在线上挤上蛋白膏。
- 插上巧克力插件即成（图4-14）。

【运用】用于菜肴的盘饰。

图4-13 巧克力棒、片插件盘饰

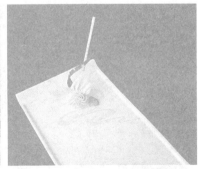

图4-14 巧克力插件情趣盘饰

十、巧克力网、心型插件盘饰

【原料】巧克力。

【工具】巧克力插件、蛋白膏、红色车厘子。

【制作方法】

- 在盘子底部用巧克力膏挤出音乐线。
- 在线上挤上蛋白膏。
- 插上巧克力插件。
- 在旁边放上车厘子即成（图4-15）。

【运用】用于菜肴的盘饰。

十一、巧克力棒插件盘饰

【原料】巧克力。

【工具】巧克力插件、蛋白膏。

【制作方法】

- 在盘子底部用巧克力膏划出交错音乐的线。
- 在线上挤上蛋白膏。
- 插上巧克力插件即成（图4-16）。

【运用】用于菜肴的盘饰。

图4-15　巧克力网、心型插件盘饰　　　图4-16　巧克力棒插件盘饰

十二、巧克力网盘饰

【原料】巧克力。

【工具】巧克力插件、蛋白膏、红色车厘子、巧克力膏、青菜苗。

【制作方法】

- 在盘子底部用巧克力膏划出两条交错的线。
- 在线上挤上蛋白膏。
- 插上青菜苗和巧克力插件。
- 在旁边放上车厘子即成（图4-17）。

【运用】用于菜肴的盘饰。

图4-17　巧克力网盘饰

第五章

糖艺装饰技术

[学习目标] ≡

1. 了解糖艺的概念，发展
2. 糖艺的种类，糖艺的特点
3. 糖艺的作用，糖艺的应用
4. 掌握糖艺的原料、工具、制作方法
5. 糖艺装饰围边的注意事项、糖艺作品的保存
6. 能够制作出糖艺作品

第一节　糖艺理论基础

一、糖艺基础知识

（一）糖艺的概念

糖艺（图5-1）是指用糖制作出花、鸟、鱼、虫等美好的艺术形象，用以装饰美化菜肴，烘托宴饮环境气氛的一种食品装饰的技艺。糖艺分为糖粉雕和脆糖雕两种。

1. 糖粉雕

糖粉在西点中运用广泛，可以制作多种造型用来美化食品。一种是糖粉膏，用糖粉与鸡蛋清或加入适量葡萄糖搅拌混合而成。另一种是糖粉面胚，用糖粉与鸡蛋清、鱼胶、葡萄糖制成。前者多用于点心的一般小型制品装饰，如西点制品的拉线花边镶嵌等；后者多用于造型，如各式糖粉花鸟鱼虫、动物及人物的造型物等。

图5-1　糖艺制品

糖粉雕制品在西点中可用于小型装饰品，如小型蛋糕、各种甜点的托架、网架、支架和甜点装饰盘上的装饰物等。如节日点心的装饰品、礼品盒、圣诞树、雪人等。

2. 脆糖雕

脆糖雕就是以白砂糖、葡萄糖、柠檬酸、水为原料，经配比、熬煮、拉抻、塑型和粘结等工艺制成花、鸟、鱼、虫、景物、器物、人物、动物等既可食用又可欣赏的糖制品形象，用以装饰美化菜肴，烘托宴饮环境气氛的一种食品装饰技艺。在熬制过程中，可以加入各种颜色的色素，使脆糖呈现出所需的色彩，因此，用脆糖制作出的立体装饰品，不仅制品晶莹剔透、色彩斑斓，而且用脆糖制成的花鸟鱼虫、人物的造型更加逼真、生动活泼。

脆糖雕是利用糖的物理特性，经加热到一定温度而制作成的。而且在熬制时必须加入适量的酸性物质，以防溶化的糖分子重新结晶。糖加热到某一温度后，糖的特性有了极大的变化，通过抻拉可形成晶莹剔透的面团样，这时可运用各种操作方法、制作工艺，制成各种造型的饰品，如花朵、树木、草叶以及动物等，制品凉后即可成形。脆糖制品在室温下可保持较长时间，制品不宜因受潮、受热而溶化变质。因此，脆糖是生产制作大型装饰品的首选品种。

（二）糖艺的发展

现代糖艺在欧美国家比较发达，主要用于装饰西点蛋糕和制作展台等，在国外，它是衡量厨师技术水平的一个重要标志，在国际烹饪大赛上，糖艺比赛是很重要的一个科目。

糖艺是西点师傅的一项基本功。近几年来，在我国各地举办的各类烹饪比赛或大型展览上，中餐师傅采用糖粉和脆糖工艺制作的食品越来越多。气势磅礴的造型，艳丽的色彩，令人耳目一新，备受业内人士和烹饪爱好者的欢迎。

中国是一个烹饪大国，中国的餐饮文化博大精深，名扬四海，但糖艺在中国还是一个新生事物，虽然只有短短的几年，但糖艺这颗种子已经在中国大地上生根，发芽，迅速成长起来。然而，这仅仅是个开始，糖艺会以其自身的特点（造型美观、成本低廉、易学等）而备受瞩目，而中国的餐饮业也确实需要注入新的元素、新的血液，相信糖艺技术在中国的餐饮业一定会有更大的发展空间。

中国的现代糖艺主要是从国外引进的，我们能够看到的糖艺作品，在题材的选择、构图的方式，表现手法上均流露出典型的西方文化印记。中国人的审美习惯是讲究装饰性，注重形式美，作品表达吉祥，借景生情，表达方式含蓄委婉。如关于婚礼的题材中国宴会上却是用龙凤、鸳鸯、仙鹤、天鹅来表达；而西方人在宴会上的装饰物是一对身着婚纱的小糖人。目前，中国的糖艺正在与中国菜肴相结合，糖艺作品已经成为具有东方情调的艺术品，正在朝着洋为中用，中西合璧，推陈出新的方向发展。

（三）糖艺的种类

糖艺的种类分为人物、动物、植物、风景、静物五种 。现在的糖艺作品经过近些年的发展，已经可以制作出非常精美人物、动物、植物、风景、静物等糖艺作品。

（四）糖艺的特点

1. 晶莹剔透，美观漂亮

糖艺作品具有独特的金属光泽、晶莹剔透、高贵华美、明亮耀眼、美观漂亮。

2. 色泽鲜艳，表现力强

糖艺作品色泽鲜艳，表现力强。

3. 容易保存

糖艺作品保存和展示的时间长，有一定的强度，在合适的环境下，糖艺作品能保存两个月甚至更长时间。

4. 食用和装饰相结合

糖艺作品既能欣赏，又能食用。新奇、新颖，容易被大众接受。

5. 使用方便

糖艺作品的粘结组合方便，只要用酒精灯或火机烤软即可粘结组合，冷却后能立即定型，比较方便。

6. 重复使用，避免浪费

糖艺作品的原料可重复使用，避免了浪费。

7. 容易学习

同食品雕刻和面塑相比，学习糖艺相对容易，因为操作过程中使用了温度计、糖灯、电磁炉、电子秤等工具，所以各项指标很容易控制，不易出错，因此也就缩短了学习的时间。

（五）糖艺的作用

1. 装饰美化菜肴

糖艺小型作品可以装饰美化菜肴，而且效果突出，视觉美感较好。

2. 烘托宴会气氛

大型糖艺作品可以烘托宴饮环境气氛，突出宴会的主题。

3. 提高厨师形象，展示厨师技艺

通过糖艺作品的展示，可以提高厨师形象，展示厨师技艺。

4. 提高餐饮企业知名度

好的糖艺作品本身就是好的宣传，通过宣传自然可以提高餐饮企业的知名度。

（六）糖艺的应用

糖艺在西餐中应用很广，主要用途一是用来装饰西点，如蛋糕、慕斯等；二是用来制作展台（又叫布菲台）专供展示用。在发达国家和高级酒店，糖艺制品已发展到一定水平，和巧克力、新鲜水果搭配使用，构成西点装饰中最完美的组合。

小型糖雕作品放在盘子的边缘装饰美化菜肴。大型糖雕作品放在宴饮环境中装点美化宴饮环境，提高宴饮的档次水平。

二、糖艺的原料

（一）白砂糖

白砂糖（图5-2）为粒状晶体，是糖艺制作的基础材料，学名蔗糖，糖体中的80%~90%是砂糖。砂糖是蔗糖的一个产品，从分子结构上说，它是双糖，是由一个葡萄糖分子和一个果糖分子组成的。砂糖根据晶体的大小，有粗砂、中砂、细砂三种，它们都是以甘蔗或甜菜为原料制成的。其特点是纯度高、水分低、杂质少。国产砂糖含量高于99.45%、水分低于0.12%，并按标准规定分为优级、一级、二级三个等级，它们均可用于制作糖艺。

白砂糖有国产和进口之分，进口的砂糖纯度较高，质量较好，做出来的糖艺色泽光亮，性质比较稳定，国产的砂糖价格便宜些，应用起来也是没问题的。

图5-2 白砂糖

（二）冰糖

冰糖（图5-3）是普通蔗糖经再次加工提纯后得到的产品，所以质量更好，纯度更高，是制作糖艺的好原料。可用它代替进口糖使用。制作糖艺的效果也比砂糖好些（同国产砂糖相比）。但在熬糖时要注意，一定要等冰糖晶体颗粒彻底化开后方可加入糖浆。

（三）糖醇

糖醇（图5-4）是葡萄糖的衍生物，具有吸湿性弱、抗还原能力强等特点，在较高的

图5-3 冰糖

图5-4 糖醇

图5-5 葡萄糖浆

温度和较大的湿度下也不会发生发烊、翻砂等现象，做出来的作品光泽度好，容易操作，是制作糖艺的最佳原料之一，如卡卡糖醇（木糖醇）、艾素糖醇等。

（四）葡萄糖浆

葡萄糖浆也叫淀粉糖浆（图5-5），是制作糖艺的另一主要原料。在制作糖艺时，加入葡萄糖浆的主要作用是：作为抗结晶剂，控制糖的结晶，阻止或延缓糖体的发烊和返砂，改进糖体的质地，使糖体颜色鲜艳，增进亮度，延长贮存期。葡萄糖浆的添加量一般为砂糖重量的10%～20%。

（五）色素

食用色素（图5-6）用于调糖的颜色，通常只需购买红、黄、蓝、绿、紫、粉几种颜色。用于调色，最好是选用油溶性的色素，其色彩鲜艳，浓度高，不易翻砂。如果是选用水油兼溶的色素，因色素中含有一定的水分，会影响糖艺效果（使糖体变得混浊或返砂）。

（六）水

制作糖艺的用水，最好是选用蒸馏水，如市场上零售的纯净水即可（不可用矿泉水）。这样才能保证糖艺质量的稳定性。普通自来水当然也可应用，但不同区域的水质有很大差别。

三、糖艺的设备工具

（一）熬糖锅

熬糖锅（图5-7）以选用较厚的复合底不锈钢锅为宜，因锅壁较厚，升温和散热较慢，所以适合熬糖。如果没有，可用普通不锈钢锅代替。

（二）恒温糖灯

恒温糖灯（图5-8）为钢制，备有加热器、温控器、漏电保护器、工作指示灯、电源指示灯等。用途是加热糖体，使糖体保持恒定的温度，便于拉糖吹糖（如没有糖灯，也可用微波炉或浴霸灯代替）。

图5-6　色素

图5-7　熬糖锅

图5-8　恒温糖灯

（三）不粘垫

不粘垫（图5-9）多为国外产品，比较柔软，有一定厚度，有很好的韧性和强度，耐拉耐磨耐高温，而且与糖浆不粘连。主要用途有五个：一是熬好的热糖浆要倒在不粘垫上降温至合适的温度；二是在揉合糖浆，给糖浆上色时，要隔着不粘垫叠压糖体；三是将不粘垫放在糖灯下面，将糖体烤软；四是在用微波炉加热糖体时，包裹糖体用；五是淋背景糖，做气泡糖，浇底座，摆放糖艺小件时作底垫用。

（四）电磁炉

电磁炉（图5-10），熬糖浆用，功率不用太大，1000W左右即可。

（五）乳胶手套

乳胶手套（图5-11）制作糖艺时戴在手上，一是防止烫手；二是保持作品卫生。

图5-9　不粘垫

图5-10　电磁炉

图5-11　乳胶手套

（六）温度计

温度计（图5-12）在熬糖浆时测量温度使用，以最大刻度200℃，红色指数为宜。

（七）剪刀

剪刀（图5-13）在切割糖体、剪花瓣、压痕时使用。

（八）镊子

镊子（图5-14）在粘结花心等小件时使用。

（九）气囊

气囊（图5-15）在吹糖充气时使用，主要用于向糖体内吹气，如吹天鹅、苹果、海豚等。

图5-12　温度计　　　　图5-13　剪刀　　　　图5-14　镊子　　　　图5-15　气囊

（十）糖艺模具

糖艺模具（图5-16）有叶模、球模、动物模具等。

图5-16　糖艺模具

（十一）酒精灯

酒精灯（图5-17）在粘结花瓣时使用。

（十二）底座模具

底座模具（图5-18）用于浇铸一些糖艺作品的底座和背景。

图5-17 酒精灯　　　　　　　　　　　　图5-18 底座模具

（十三）微型焊枪

微型焊枪（图5-19）在组合作品时使用（可用强力火机代替）。

（十四）拉丝枪

拉丝枪（图5-20）用于将糖拉成丝。

（十五）糖艺亮光防潮胶

糖艺亮光防潮胶（图5-21）用于糖艺的上光，使其明亮好看。

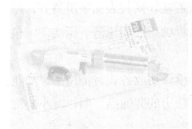

图5-19 微型焊枪　　　　图5-20 拉丝枪　　　　图5-21 糖艺亮光防潮胶

四、糖艺制作技法

（一）糖粉雕

1. 糖粉用料的配比

（1）糖粉用料配比例　糖粉250克，鸡蛋清50～80克。

（2）糖粉用料配比方法　将糖粉放入容器内，先加入少量蛋清，用中速搅拌起发，随后再加入蛋清，继续搅拌，待糖粉原料色白、细腻时加入适量的柠檬汁、再继续搅匀即可。如需颜色，可加入适量的食用色素。

（3）糖粉用料配比注意事项

①糖粉雕制品质量的好坏，与糖粉、蛋清及柠檬汁的搅拌有很大关系，调制时，搅拌的时间适中，若时间短糖粉膏不起发，而时间长糖粉膏容易稀，影响制品的可塑性和立体感。

②调制糖粉膏时，柠檬汁的加入要适量，因为加入量过少，挤出的制品不易成形，

失去立体感，加入柠檬汁的量过多，糖粉膏易打发，胚料变的粗糙形成蜂窝状，使制品失去细腻及光亮，影响制品的可塑性。一般按照每500克糖粉加入柠檬汁，在10～20克为宜。

③ 调制糖粉膏时，所用的糖粉无异物和杂质，保持操作的连惯性及制品的细腻度。

④ 若是用于制品表面，糖粉膏可以稀一些，若是用于制作立体的糖粉膏可以稀一些。在调制时，要在充分了解糖粉膏所用的目的，要求的基础上，灵活掌握糖粉的软硬度。

⑤ 在糖粉膏的使用过程中，用保鲜纸盖好容器口，以免糖粉膏脱水变干，不便于操作。糖粉膏可以结合西点中的裱花嘴，挤出花鸟鱼虫、人物及动物的造型图案等，而且还能用于大型蛋糕的挂边、挤面、拉线。

2. 糖粉面胚的制作工艺

糖粉面胚类制品，是西式面点装饰工艺中经常使用的造型原料，其制品是在高级宴会甜点装饰、各种大型结婚蛋糕、立体装饰物常用的装饰品。其用料配比：糖粉4000克、鱼胶片400～500克、葡萄糖100克、柠檬汁100克，若需颜色可加入适量食用色素。将糖粉、葡萄糖放入搅拌机内，在快速搅拌的过程中，慢慢地加入溶化的鱼胶。根据糖粉面胚的使用的要求灵活掌握软硬度。糖粉成团后，加入溶化的色素及柠檬汁，颜色的调配应符合制品的需要。糖粉面胚的装饰工艺方法多种多样，按制作原料种类和性质划分，常见的有下列方法：

（1）包裹法　制作大型装饰蛋糕时，一般用糖粉面坯包蛋糕坯使其表面平滑整齐，厚薄均匀。首先将蛋糕坯或蛋糕坯代用品加工平滑整齐，然后将糖粉面坯压薄、压均匀，包在蛋糕坯或蛋糕坯代用品的表面。

（2）模具法　压薄后的糖粉面坯，还可以刻成或用象形模具切成各式装饰用品，如花卉、叶子、蝴蝶、鸽子、鱼等，待干后，用于蛋糕表面或蛋糕边的装饰品，制作时小装饰品的大小薄厚要一致。

（3）镶嵌法　所有蛋糕坯包好后，可将剩余的糖粉面坯制成各式各样的小型装饰，也可根据所需颜色调制上色后再刻成小装饰物，并放在干燥通风的环境下，使其干燥变硬后，再进行组装。

（4）粘贴法　大型糖粉面坯装饰在蛋糕上的各种点缀，要用糖粉膏来粘贴。粘贴后要及时将多余的糖粉膏清除掉，以防干硬后影响制品的美观。

制作大型糖粉装饰品时，所需时间较常。对于有些复杂的作品，要事先设计出主题造型图案。

3. 糖粉面坯雕操作要点

（1）糖粉面坯调制好后，应存放在密封的容器内，或用保鲜纸包裹，以防糖粉面坯脱水变干、变硬，不易制作。

（2）在加工糖粉面坯时，所要制作的装饰品做到心中有数，一次成形，避免重复多次。

（3）在拿放及移动糖粉面坯制品时，要仔细小心，轻拿轻放，不要使制品断裂或弯曲，以免影响下一步组合。

（4）在制作糖粉面坯时，应注意保持清洁，不可沾上其他杂物，以免影响成品的光亮与卫生。

（二）脆糖雕

1. 糖浆的熬制（图5-22）

（1）脆糖原料配方　砂糖2000克，水800克，葡萄糖400克，柠檬汁1/4只，色素适量。

（2）脆糖糖浆制作工艺

① 将糖和水放入锅里，加热，用手勺不停搅拌，使其受热均匀。

② 糖水开锅后改用中火，用手勺将锅内浮沫除去，并不时将锅边的结晶糖及时除去，以免影响制品的光亮度。

③ 待糖完全溶化后，加入葡萄糖和柠檬汁，继续熬至138℃时，加入作品所需的色素，熬至150℃时将锅离开炉口，放到备好的凉水盆内蘸一下锅底，使其降温。

④ 将糖浆倒在不粘垫上，待糖的温度降至可以用于拿起时反复拉几下，糖团发亮后，即可根据所需的造型制出作品。

（3）脆糖雕的操作要点

① 脆糖工艺的关键是掌握好熬糖的温度与火候的变化，会直接影响脆糖制品的质量与造型。

② 制作脆糖作品时，事先应备好所用的工具、用具及操作台，以便随时取用。

③ 在制作脆糖装饰品时，应动作熟练、手法迅速、准确，一气呵成，因为脆糖在室温下极易冷却变硬，影响制品的造型。

④ 在制作脆糖制品时，手上要适当擦上一点油脂，以免粘手，使其表面粗糙无光泽。

⑤ 脆糖制品具有较好的立体感，自然逼真，晶莹剔透，色彩绚丽生动。

⑥ 每次熬糖量是糖锅总容量的1/2左右为宜，太多和太少都不合适。

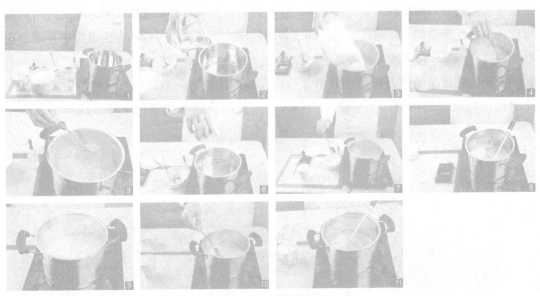

图5-22　糖浆的熬制

⑦ 加入水后要搅拌均匀，防止糊锅。糖的数量通常是水的两倍。开始加热时要使用中火。大火不易控制温度，而小火又速度太慢。当糖液沸腾后，会浮现气泡脏沫，说明砂糖较脏，要抓住时机用汤勺清理干净，然后加入葡萄糖浆。

⑧ 注意所使用的工具要干净卫生，如糖锅、糖勺、刷子、温度计和不粘垫不能粘有油污和杂质、色素，更不能有焦糖污渍。

⑨ 进口色素可在加热过程中加入，而国产色素可在拉糖前加入。

⑩ 学会观察，糖液刚开始沸腾时，气泡很大，说明水分很多，这时的糖液温度为110～130℃。这个阶段不需用温度计测温，随着糖液中水分的蒸发，糖液的浓度越来越高，当温度接近150℃时气泡变小而且细密，这时用温度计搅拌几下查看温度，当温度达到150℃时，立即停止加热，并将糖锅放到凉水盆中里浸约30秒，目的是防止温度继续升高。

⑪ 将糖锅移动到干净的毛巾上静置3～5分钟，等待糖浆变得略稠时倒出。倒出之前可将糖锅再次回到电磁炉上加热几秒钟，目的是防止糖浆过多地粘在锅壁上，减少浪费。

⑫ 当糖浆倒在不粘垫上时，略晾一会，使糖浆降温，然后戴上橡胶手套，提起不粘垫的边缘将周围的糖浆向中间叠放，并隔着不粘垫将糖体压实，再将不粘垫展平，如此重复多次后，糖浆就会变成像面团一样柔软的糖体了。将糖体剪成几块，就可以进入下一步的上色、拉糖环节了。

2. 拉糖技法（图5-23）

拉糖是糖艺制作中非常重要的一个步骤，也是最能体现糖艺特色的一个方面。糖体在软硬度合适的情况下快速揿拉折叠，随着空气一点点地进入糖中，糖体中的细小气泡逐渐增多。由于光的折射，糖体由透明状逐渐变得不透明，但同时也会呈现出金属般的光泽。在光线的照射下，糖体的高光处会像珍珠一样闪现出五彩斑斓的光芒，耀眼夺目，非常漂亮。

拉糖是将熬好的糖浆冷却至半凝固状态时（像和好的面团一样）反复叠拉糖体，糖体会因少量空气混入而呈现出发亮的光泽，这时再将糖拉成各种形状的花瓣，最后再用酒精灯或火枪将花瓣根部烤软粘在一起，即成各种各样的花卉。用拉糖的方法可拉出花瓣、花叶、藤蔓、彩带、树干和支架等。

拉糖的要点是掌握好拉糖的时机，糖体在糖锅中熬好后或在糖灯下烤软后要选择一个合适的时机开始拉糖。如果糖体太热太软，拉出的糖会快速向下坠，这样不利于操

图5-23 拉糖

作；如果糖体太冷太硬，拉糖时表皮会结块，这样拉几次后糖体就会断开，无法使用。拉糖的最好时机应选择在糖体软硬度类似于抻面的面团那样就可以了。糖体拉成条后会略微下坠，但速度很慢。且拉糖时应选择在周围温度较高的地方，如糖灯旁边。这样糖体不会很快变凉。

拉糖步骤：

①取一块软和的糖体将其摁扁铺平，随后加入食用色素（图中加的是蓝色）。

②趁热将糖体折叠反复抻拉，拉糖时粗细要均匀，速度要快，每次抻拉要50厘米长左右，将糖体抻拉至十扣后，糖体开始发出金属色的光。待糖体彻底发亮后，将糖体快速按成扁圆形即可使用。

3. 淋糖技法（图5-24）

将糖浆趁热淋在不粘垫上呈现出各种图案或文字、或底座，待糖浆冷却定形后取下即可使用，一般是作为糖艺的背景、装饰、支架、底座等使用。

图5-24　淋糖

4. 吹糖技法（图5-25）

吹糖技法就是用专用的充气气囊，将糖体吹成空心的球状（或其他形状），再经过粘结、上色，点缀制成糖艺作品如果、西瓜、海豚、卡通动物等。

吹糖是将一块糖体挤成一个球状，就像搓馒头一样使表面光滑，用筷子在糖体中戳一个洞，将充气囊的铁管口部插入洞中，再将铁管口部的糖体捏细捏紧，然后开始充气，边充气边用手控制糖的形状（拉长、拉细、弯曲、压痕等）。吹好形状后要略等一会，待糖体冷却定形，用酒精灯将铁管口部糖烤软，抽出铁管，将糖封口。

吹糖的要点是掌握好糖的温度。糖体温度过高，不利于定形；而糖体温度过低，又容易吹裂。两手配合要协调，用力要均匀。

图5-25　吹糖

5. 翻模技法（图5-26）

翻模就是将熬好的糖浆趁热倒入各种各样的硅胶（食品级）模具中，等糖浆冷却定形后取出即可，这样做出来的糖艺作品晶莹剔透，如水晶一般漂亮。这种方法比较简单，不会糖艺的人，只要有一个温度计和几只糖艺模具，也能很容易地做出糖艺作品来。

图5-26　翻模

6. 上色技法（图5-27）

给糖体上色有几种方法，一是在熬糖浆时将色素直接倒入糖浆中，这种方法在制作较大的作品时应用，因为一锅糖只能调一种颜色；二是将一锅糖熬好后分割成若干小块，趁糖体柔软时加入色素调匀，这种方法熬一锅糖能调出几种颜色；三是将已经调好不同颜色的两小块糖掺在一起，形成另一种颜色。这种方法适合于给用量很小的糖体上色。

还有一种上色的方法就是用一种喷笔给做好的糖艺作品喷色，这种方法的好处是可以做出渐变的效果，用色比较灵活，但光泽度不如上面的几种方法好。

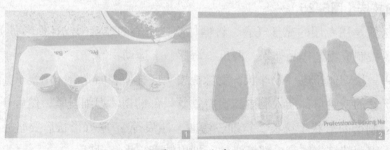

图5-27　上色

五、糖艺装饰围边的注意事项

（一）糖艺制作注意事项

（1）制作糖艺作品时，环境要洁净、注意卫生。

（2）制作糖艺作品时，要适当添加不同的食用色素。

（3）制作糖艺作品时，要注意选择吉祥美好的图案造型。

（二）糖艺装饰围边的注意事项

（1）用于给菜肴围边的糖艺作品应简单、简捷，具有装饰性，要小巧玲珑、精致。不要过于庞大，以免喧宾夺主。

（2）糖艺的色彩也不能太花哨，两三种颜色即可，要考虑到糖艺作品与菜肴的色彩搭配，要有一定的对比，不能顺色。比如说，白色的菜肴，应用红、绿、黄等颜色的糖艺；绿色的菜肴，可用白、橙、红、黄等颜色的糖艺；如果一道菜肴的颜色是红色的，那就不能用红色的花朵来装饰。

（3）要注意糖艺的内容应与菜肴相配合，比如鱼虾类的菜肴可搭配些荷花、睡莲等，鸡鸭类的菜肴可搭配些牡丹、月季等，而一些乡土菜肴则可搭配些野菊花、喇叭花、葫芦、丝瓜等。

（4）用于围边的糖艺作品，简单点的可直接摆在盘边（如牡丹花、月季花、卡通猪、小蜗牛等），稍复杂的，可将几个小件先固定在一个底座上，然后再摆在盘边（如蘑菇、竹子等）。还有一种方法就是将糖艺作品直接粘结在盘子上，因为糖的特点是加热后变软变黏，冷却后会立即凝固。需要注意的是，用这种方法粘结糖艺，一是糖艺与盘子之间的粘接面要尽量大，这样才能有足够的粘接力；二是糖艺作品的重心要尽量低，重量也应尽量小，这样才能粘牢固。如果你做出的糖艺作品主要用于展示（比如做展档、展台等），也可以用热胶枪。

（5）糖艺作品也可以与其他的造型元素相配合，比如与食雕、面塑、水果、酱汁等，但是糖艺作品是怕潮怕水的，所以在组合的时候要注意你所用的这类东西（如法香、薄荷叶、萝卜花、红樱桃等），在装盘前要尽量去掉过多的水分（甩干或擦干）。

（6）糖艺作品既可装饰中式菜肴，也可装饰中式面点。比如苏式船点、粤式点心、京式点心等。

（7）糖艺作品要与无汁或少汁的菜肴相配合，如干炸、干煸、清炒、烹等菜肴配合，而不能与汤汁较多的菜肴相配合。

（8）糖艺作品要与菜肴的内容相配合，如果菜肴的原料是鱼虾，可用糖艺荷花、睡莲来装饰。

（9）糖艺作品不要与菜肴直接接触，因为菜肴多数是热的，糖艺作品遇热后会变软变形。

（10）糖艺作品要与宴会的主题内容相配合，如生日宴席可用仙鹤、寿星等，结婚宴席可用糖艺百合、鸳鸯等。

（11）糖艺作品的底座要厚些，这样的糖艺重心比较稳，不容易在菜肴运送过程中倾倒毁坏。

六、糖艺作品的保存

糖艺作品制作完成后要妥善保存，保存方法是：

1. 小型糖艺作品放入密封的小玻璃盒子中放入温度较低的地方保存

小型糖艺作品一般要放入密封的小玻璃盒子中放入温度较低的地方保存，注意温度不要高，还要防止碰撞。

2. 大型糖艺作品放入密封的大玻璃盒子中放入温度较低的地方保存

大型糖艺作品放入密封的大玻璃盒子中放入温度较低的地方保存，要注意不能损坏大型作品的完整性。

3. 注意糖艺作品的防潮

糖艺作品放置在湿度较高的空气中，由于糖类本身具有一定的吸水性，所以开始吸收周围的水气分子，经一段时间后，糖体表面开始发黏和浑浊，失去原有的光泽，这种现象称为轻微发烊。如果糖体继续从空气中吸收水气，糖体表面会呈现溶化状态（就像刷了一层油一样），并失去其有的清晰的外形，这种现象称为发烊。

发烊现象的出现与空气中的湿度有关，湿度越大，发烊现象出现得就越早。湿度越低，发烊现象出现得就越迟。通俗点说，空气越干燥，越不容易出现发烊现象，糖艺作品展示的时间就越久。

4. 糖艺作品的返砂

糖艺作品摆放时间久了也会出现返砂现象，是先出现"发烊"现象，后出现"返砂"现象。如果不出现"发烊"现象，也就不会出现"返砂"现象。

由于糖体表面吸收了空气中的水分才出现了"发烊"现象，而当空气的湿度降低后（即变干燥了），发烊的糖体表面的水分子重新扩散到空气中去，导致表面失水的糖类分子进入过饱和状态而重新排列形成结晶体，一层细小而坚实的白色晶粒组成返砂的外层，于是糖就变得不再透明和光滑，而是像挂了一层霜一样。

要防止"返砂"现象的出现，首先应防止"发烊"现象的出现，也就是要防止将糖艺作品摆放在潮湿和高温的地方。

第二节　糖艺实例训练

一、天鹅

【原料】砂糖2000克、水800克、葡萄糖400克、柠檬汁1/4只、色素适量。

【工具】全套糖艺工具。

【制作方法】见图5-28。

- 熬制糖浆。
- 拉糖。
- 将拉好的糖用气囊吹成球形，然后捏成天鹅胚型。
- 装上天鹅嘴、翅膀、头饰、画上眼睛即成。
- 将制作成的天鹅放入盘中即可装饰菜肴。

【**特点**】色彩亮洁、造型美观。

【**运用**】用于展台和菜肴的装饰。

图5-28 天鹅制作流程图

二、马蹄莲

【原料】砂糖2000克、水800克、葡萄糖400克、柠檬汁1/4只、色素适量。

【工具】全套糖艺工具。

【制作方法】见图5-29。

- 熬制糖浆。
- 拉糖。
- 将拉好的糖用白色制作马蹄莲花瓣，用绿色制作花茎、用黄色制作花心。
- 将花瓣，花茎、花心组合即成。
- 将制作成的马蹄莲放入盘中即可装饰菜肴。

【特点】色彩亮洁、造型美观。

【运用】用于菜肴的装饰。

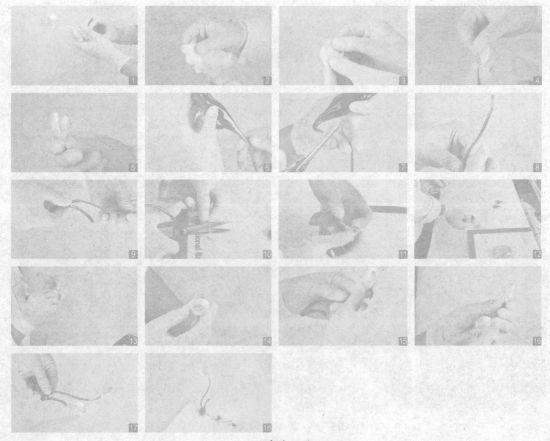

图5-29　马蹄莲制作流程图

三、树

【原料】砂糖2000克、水800克、葡萄糖400克、柠檬汁1/4只、色素适量。

【工具】全套糖艺工具。

【制作方法】见图5-30。

- 熬制糖浆。
- 将熬制好的糖浆倒入模具中晾凉。
- 取出即成树的形状。
- 将制作成的糖艺树和花卉组合即可用于菜肴的装饰。

【特点】色彩鲜艳、造型美观。

【运用】用于展台和菜肴的装饰。

图5-30 树制作流程图

四、石头

【原料】砂糖2000克、水800克、葡萄糖400克、柠檬汁1/4只、色素适量。

【工具】全套糖艺工具。

【制作方法】见图5-31。

- 熬制糖浆。
- 将熬制好的糖浆倒入模具中晾凉。
- 取出即成石头的形状。
- 将制作成的石头和花卉组合即可用于菜肴的装饰。

【特点】色彩鲜艳、造型美观。

【运用】用于展台和菜肴的装饰。

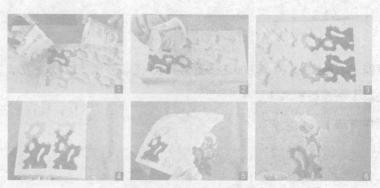

图5-31　石头制作流程图

五、黄玫瑰

【原料】砂糖2000克、水800克、葡萄糖400克、柠檬汁1/4只、色素适量。

【工具】全套糖艺工具。

【制作方法】见图5-32。

- 熬制糖浆。
- 拉糖。
- 将拉好的糖制作出花叶、玫瑰、花茎。
- 将黄玫瑰进行组合。
- 将制作成的黄玫瑰放入盘中即可装饰菜肴。

【特点】色彩鲜艳、造型美观。

【运用】用于展台和菜肴的装饰。

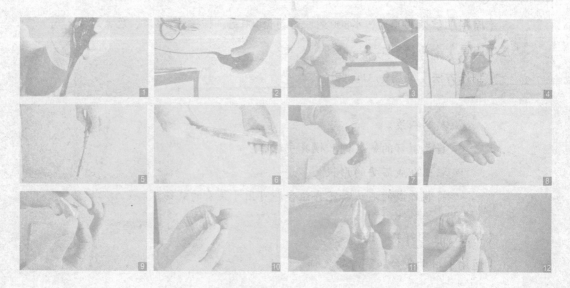

图5-32　黄玫瑰制作流程图

六、山茶花

【原料】砂糖2000克、水800克、葡萄糖400克、柠檬汁1/4只、色素适量。

【工具】全套糖艺工具。

【制作方法】见图5-33。

- 熬制糖浆。
- 拉糖。
- 将拉好的糖制作出花心、花瓣。
- 将花心、花瓣进行组合。
- 将制作成的山茶花放入盘中即可装饰菜肴。

【特点】色彩鲜艳、造型美观。

【运用】用于展台和菜肴的装饰。

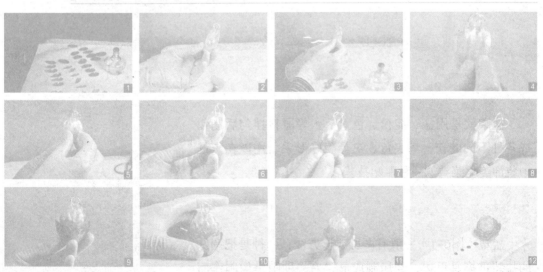

图5-33　山茶花制作流程图

第六章

盐塑装饰技术

[学习目标]

1. 了解盐塑的概念、发展，盐塑的表现形式
2. 盐塑的分类，盐塑的特点
3. 盐塑的作用，盐塑的应用
4. 掌握盐塑的原料、工具、制作方法
5. 盐塑装饰围边的注意事项、盐塑作品的保存
6. 能够制作出盐塑作品

第一节　盐塑理论基础

一、盐塑基础知识

（一）盐塑的概念

盐塑就是用盐、淀粉、色素、水等原料拌匀后制作成各种不同的花、鸟、鱼、虫等美好形象，用以在烹饪中装饰美化菜肴的一种雕塑技艺。

（二）盐塑的发展

盐塑（图6-1）一般有两种成形方法：一种是把调好的盐装进模具里边，经烤制成形；另一种则是像制作面

图6-1　盐塑

塑作品那样，借助捏、滚、揉、压等手法塑造成形。

盐塑最早盛行于台湾，每年台湾的一些盐塑艺术家都会创作出一些优秀的盐塑作品以美化我们的生活，酒店为了推陈出新提高菜品的质量把盐塑装饰品作为点缀。盐塑是一种绿色环保的装饰作品，由食用精盐通过模具、微波炉加热制作而成，无污染，无异味，并且操作快捷简单。如今，盐塑作为菜肴装饰艺术的一个内容，被广大厨师接受和运用，具有很好的发展前景。

（三）盐塑的表现形式

1. 圆雕

圆雕就是指非压缩的，可以多方位、多角度欣赏的三维立体雕塑。手法与形式也多种多样，有写实性的与装饰性的，也有具体的与抽象的，着色的与非着色的等；盐塑内容与题材也是丰富多彩，可以是人物，也可以是动物，甚至于静物，现代的盐塑采用圆雕形式的非常多。

2. 浮雕

浮雕是雕塑与绘画结合的产物，用压缩的办法来处理对象，靠透视等因素来表现三维空间，并只供一面或两面观看。浮雕一般是附属在另一平面上的，因此在建筑上使用更多，用具器物上也经常可以看到。由于其压缩的特性，所占空间较小，所以适用于多种环境的装饰。盐塑中浮雕有一定的使用。

（四）盐塑的分类

盐塑可以分为动物类、植物类、器物类、景物类、人物类五种：
① 动物类：用盐塑模具制作出不同的动物造型用于菜肴的装饰。
② 植物类：用盐塑模具制作出不同的植物造型用于菜肴的装饰。
③ 器物类：用盐塑模具制作出不同的器物造型用于菜肴的装饰。
④ 景物类：用盐塑模具制作出不同的景物造型用于菜肴的装饰。
⑤ 人物类：用盐塑模具制作出不同的人物造型用于菜肴的装饰。

（五）盐塑的特点

1. 可塑性强

由于盐塑作品采用模具制作，其形象具有统一精美的外观，其可塑性非常强，便于应用。

2. 装饰效果突出

盐塑作品可以制作出不同的形象和不同的颜色，其在菜肴应用中的装饰效果非常突出。

3. 易于回收反复使用

盐塑作品具有一定的硬度、强度、具有防腐性，易于回收反复使用。

（六）盐塑的作用

1. 装饰美化菜肴

盐塑作品造型美观，色泽精美可以装饰美化菜肴。

2. 提高厨师的形象，展示厨师的技艺

盐塑作品的精美性可以提高厨师的形象，展示厨师的技艺。

3. 提高餐饮企业知名度

餐饮企业能够很好的运用盐塑作品装饰美化菜肴，能够区别于其他饭店，提高餐饮企业知名度。

（七）盐塑的应用

1. 装饰美化菜肴

利用盐塑作品放在盘子的边缘装饰美化菜肴。

2. 装饰美化宴饮环境

利用大型盐塑作品放在宴饮环境中装点美化宴饮环境，提高宴会的档次水平。

二、盐塑的原料

盐塑的原料有精盐、淀粉、各种食用色素、水。

1. 精盐

盐的选用可以选用市场上销售的可食用的袋装精盐即可（图6-2）。

2. 淀粉

淀粉的选用可以选用市场上销售的可食用的袋装淀粉即可（图6-3）。

3. 食用色素

食用色素的选用可以选用市场上销售的各种不同颜色的食用色素即可（图6-4）。

4. 水

水选用自来水即可。

图6-2　盐　　　　　图6-3　淀粉　　　　　图6-4　食用色素

三、盐塑的工具

盐塑的工具有硅胶模具、胶带、搅拌器、微波炉、不锈钢盆、喷枪等。

1. 硅胶模具

目前，餐饮硅胶模具市场已经逐渐成熟起来，其模具（图6-5）的种类也越来越多，越来越全，选用时可以选用质量好，价格便宜的模具应用，可以制作出花、鸟、鱼、虫等不同的形象。

2. 胶带

胶带可以选用市场上销售的胶带（图6-6）即可，用来固定硅胶模具。

3. 搅拌器

搅拌器一般选用市场上销售的打蛋器（图6-7）即可，用来将盐搅拌均匀。

4. 微波炉

选用市场上销售的名牌微波炉（图6-8）即可，用来加热盐塑作品。

5. 不锈钢盆

选用市场上销售的不锈钢盆（图6-9）即可，用来盛装盐使用。

6. 喷枪

选用市场上销售的正规厂家生产的喷枪（图6-10）即可，用来给盐塑作品上色使用。

图6-5　硅胶模具　　　　　图6-6　胶带　　　　　图6-7　打蛋器

图6-8　微波炉　　　　　图6-9　不锈钢盆　　　　　图6-10　喷枪

四、盐塑制作技法

（一）盐塑原料的配比

1. 硬配比

当我们借助模具制作大型作品的底座时，因为是模具成形，而作品成形后已经不需要再用手去捏揉了，所以配出来的盐粉相对较硬，我们可以按照盐∶水∶淀粉=160∶12∶15这个比例调制。

2. 软配比

另一种要经过手工捏揉以后才成形的，所以调出来的盐粉的比例相对较软，具体比例为盐∶水∶面粉=5∶4∶2。

3. 烹饪中小型盐塑作品配比

材料是盐、生粉和水，其比例为每400克盐放50生粉和50克水。

（二）烤制和成形

作品捏塑好后，还需要把里面的水分烤干（用手按不动方可），这样更结实。烤的时候有两种方法，一种是微波炉；一种是烤箱，用微波炉加热的效果相对要好，因为热量会直接进入到里面去，不像用烤箱那样，不等里面烤干外面已经煳了。当然，对较大的作品，也只能用烤箱。

盐塑作品有两种成形方式，一是用模具塑形；再就是在制作大型作品时，采用分布的方法（先制作出各个部位，等到烤干后再用胶水粘接起来）。

（三）盐塑的调色

在制作盐塑时，有两种调色方法：

（1）当整个作品只用一种颜色，或大面积使用一种颜色时，可以在调制盐粉的时候加入色素水搅匀，这样等到烤制成形后，就不用再上色了。

（2）在制作人物、花鸟等色彩比较丰富的作品时，可以粘连成形后再上色。先把色素水调好，然后用喷枪或毛笔把色素水喷抹在作品上面即可。

（四）喷胶

喷胶的目的是给作品上一层保护膜，这样可长时间保存下去。先取清水和鱼胶粉调成浓度较高的溶液（最终形成的保护膜会更结实），然后装进喷枪里面均匀地喷在作品上或用刷子刷上去。除了可以喷胶以外，如果用于展台，还可以喷油（制作家具时用的清油），效果也很好。

（五）盐塑技法

盐塑用高密度硅胶模具同时添加抗老化物质及抗拉伸配方精制作而成，从而提高了模具的使用寿命和拉力。制作出精美的盐塑作品，盐塑配方：盐、生粉、水按8∶1∶1或6∶1∶1水适量（水使盐潮湿即可）的比例先将盐、生粉调制均匀后加上需要的颜色（颜色用水化开浓度高些）搓匀（生粉可适当增加盐塑产品的韧性强度和光滑度，但是不可过多添加）后加水搓匀使盐微湿即可（调好的盐用手握可成团，用手捏即散开）。

盐塑制作工艺：

（1）把调好的盐放入模具里，把模具每个角落彻底按实、以防止加热成形时出现不完整、粗糙现象。

（2）把装好盐的模具用棉绳或胶带缠好后放入微波炉，使用高火加热（大的稍长点时间）后，打开模具轻轻取出即可。如果操作不当出现裂痕、断裂现象，可以在断裂出加少许水湿润在放入微波炉加热，水分蒸发出来后即可。

五、盐塑装饰围边的注意事项

（一）制作盐塑作品时，掌握好各种原料的比例

制作盐塑作品时，要掌握好盐、淀粉、水的比例，比例掌握好了制作的盐塑作品才能符合要求的盐塑作品。

（二）制作盐塑作品用微波炉烤制时，时间不可过长，避免盐塑作品烤糊

制作盐塑作品用微波炉烤制时，时间不可过长，避免盐塑作品烤糊。所以一定要掌握好烤制时间，一般来说要高火烤制2分钟即可。

（三）生粉和盐要充分拌均匀，避免烤糊

如果生粉和盐没有充分拌均匀会导致盐塑变形、烤糊。

六、盐塑作品的保存

盐塑作品制作完成后要妥善保存，保存方法是：

（一）将盐塑作品放入密封的盒子中放入湿度较低的地方保存

盐塑作品制作好后，要放入干净的盒子中保存，放置的环境要保证干燥，湿度不可过高。

（二）盐塑作品切忌不可沾水

盐塑作品制作好后，切忌不可沾水，以防损坏盐塑作品。

第二节　盐塑实例训练

一、寿星（图6-11）

【原料】盐、淀粉、水。

【工具】盐塑模具、胶带、微波炉。

【制作方法】

> ● 将盐、淀粉、水按一定的比例混合。
>
> ● 将混合好的盐填入模具中压实。
>
> ● 放入微波炉中高火2分钟。
>
> ● 取出上色晾干即成。

【特点】形色逼真，装饰性强。

【运用】用于菜肴、面点的装饰。

二、龙（图6-12）

【原料】盐、淀粉、水。

【工具】盐塑模具、胶带、微波炉。

【制作方法】

> ● 将盐、淀粉、水按一定的比例混合。
>
> ● 将混合好的盐填入模具中压实。
>
> ● 放入微波炉中高火2分钟。
>
> ● 取出上色晾干即成。

【特点】形色逼真，装饰性强。

【运用】用于菜肴、面点的装饰。

图6-11　寿星　　　　　　　　图6-12　龙　　　　　　　　图6-13　大吉大利

三、大吉大利（图6-13）

【原料】盐、淀粉、水。

【工具】盐塑模具、胶带、微波炉。

【制作方法】

> ● 将盐、淀粉、水按一定的比例混合。
> ● 将混合好的盐填入模具中压实。
> ● 放入微波炉中高火2分钟。
> ● 取出上色晾干即成。

【特点】形色逼真，装饰性强。

【运用】用于菜肴、面点的装饰。

四、金龙鱼（图6-14）

【原料】盐、淀粉、水。

【工具】盐塑模具、胶带、微波炉。

【制作方法】

- 将盐、淀粉、水按一定的比例混合。
- 将混合好的盐填入模具中压实。
- 放入微波炉中高火2分钟。
- 取出上色晾干即成。

【特点】形色逼真，装饰性强。

【运用】用于菜肴、面点的装饰。

五、福星（图6-15）

【原料】盐、淀粉、水。

【工具】盐塑模具、胶带、微波炉。

【制作方法】

- 将盐、淀粉、水按一定的比例混合。
- 将混合好的盐填入模具中压实。
- 放入微波炉中高火2分钟。
- 取出上色晾干即成。

【特点】形色逼真，装饰性强。

【运用】用于菜肴、面点的装饰。

图6-14　金龙鱼

图6-15　福星

六、情（图6-16）

【原料】盐、淀粉、水。

【工具】盐塑模具、胶带、微波炉。

【制作方法】

- 将盐、淀粉、水按一定的比例混合。
- 将混合好的盐填入模具中压实。
- 放入微波炉中高火2分钟。
- 取出上色晾干即成。

图6-16　情

【特点】形色逼真，装饰性强。

【运用】用于菜肴、面点的装饰。

七、盐塑盘饰实际应用——弥勒佛（图6-17）

【原料】盐、淀粉、水。

【工具】盐塑模具、胶带、微波炉。

【制作方法】

- 将盐、淀粉、水按一定的比例混合。
- 将混合好的盐填入模具中压实。
- 放入微波炉中高火2分钟。
- 取出上色晾干即成。

【特点】形色逼真，装饰性强。

【运用】用于菜肴、面点的装饰。

图6-17　弥勒佛

第七章

琼脂雕装饰技术

[学习目标]

1. 了解琼脂雕的概念、发展
2. 琼脂雕的种类，琼脂雕的特点
3. 琼脂雕的作用，琼脂雕的应用
4. 掌握琼脂雕的原料、工具及制作方法
5. 琼脂雕装饰围边的注意事项、琼脂雕作品的保存
6. 能够制作出琼脂雕作品

第一节　琼脂雕理论基础

一、琼脂雕基础知识

（一）琼脂雕的概念

琼脂雕是用琼脂制作成各种不同的花、鸟、鱼、虫等形象，用以装饰美化菜肴的一种食品雕刻技艺（图7-1）。

（二）琼脂雕的原料

琼脂，又叫洋菜、琼胶、冻粉，系选用我国南海珍贵的天然石花菜、江蓠菜、麒麟菜为原料，经科学方法精制而成的天然高分子多糖物质，含有多种元素并有清热解暑、开胃健脾的功效。琼脂为亲水性胶体，分为条状和粉末状。易溶于热水，不易溶于冷水，它在

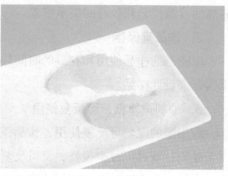

图7-1　琼脂雕作品

食品工业中是一种及其有用的独特物质，其特点是具有凝固性、稳定性。可作为增稠剂、悬浮剂、凝固剂、乳化剂，广泛用于制造软糖、肉制品、羹类制品、凉拌食品等。

（三）琼脂雕的种类

琼脂雕按技法主要分浮雕、圆雕、镂空雕三种。

1. 浮雕

浮雕是指在不同的材质表面，即平面上进行的一种雕刻表现手法，只能单面欣赏雕出的动物、人物及其他物体，凹凸不平，富有一定的立体感。浮雕不同于绘画，绘画只是平面，在平面上用一定的素描、美系及色彩，表现出物体的立体效果；而浮雕是靠刻、削、片、凿、贴、粘等手法把塑造的物体的主体表现出来，即凸出来，附属次要的凹面放到背景及主体的后面，这样可形成高低不平的反差，从而达到所塑造的题材富有形象、完美的整体效果，达到作者需要表现的目的。

2. 圆雕

圆雕在美术领域也被称为三度空间，从作品的前、后、左、右都可欣赏到所表现的题材的形象，在雕刻圆雕的技法上主要注意它的表现形式是整体效果。它不同于浮雕只是在原料上雕单面，而圆雕是要把原料的整体的前、后、左、右都得刻出来，从哪个角度都能欣赏，必须做到所雕塑的题材形象逼真。再一种是零雕整装，比如作者要表现一个大题材，所用原料没有这么大，这就需要作者把每一个小部件都雕刻出来，再把它们组合在一起，必须做到从四周都可以欣赏，从而达到作品的完整性。

3. 镂空雕

镂空雕就是指把物体的内部掏空，而在原料的表面及里面塑造出物体的形象，观看时物体呈现出玲珑剔透的效果，从而达到美的效果。

（四）琼脂雕的特点

1. 色彩绚丽、质地光亮

琼脂雕从观感来讲给人一种高雅的艺术享受。制作琼脂雕作品要求较高，从业者要有较高的食雕技艺和较好的美术修养。

2. 作品宜保存

琼脂雕的作品使用和存放的时间较长，是装饰席面的上等佳作。作品可大可小，可根据需要来设计作品。

3. 原料成本低，可反复使用

琼脂雕的原料可反复使用，作品摆放时间长了之后，可能损坏，这样可以把它融化后重新雕刻，既可以减少投资，又可反复使用，因此，它是投入少效果好的雕刻原料，是酒店、宾馆制作食雕的首选原料。

4. 雕刻速度快

琼脂雕刻速度快，节约时间。

（五）琼脂雕的应用

琼脂雕刻的作品色彩绚丽，质地光亮，给人一种高雅的艺术享受。琼脂雕作品使用和存放的时间较长，是装饰席面的上等佳作。作品制作可大可小，可根据需要来设计作品。琼脂雕可应用在：

（1）在冷菜或热菜的盘边装饰，起到点缀美化菜肴的作用。

（2）取代果蔬雕或冷盘作看盘用。

（3）用于冷餐会、鸡尾酒会作台面陈列。

（4）用于高级宴会作看台。

（5）增加宴席的喜庆气氛。

（6）提高菜肴的档次，增加食欲，达到最佳效果。

二、琼脂雕的原料

琼脂雕的原料是琼脂和水、食用颜料。

1. 琼脂

选择国内质量好无杂质的上好琼脂原料（图7-2）。

2. 水

选择干净的自来水即可。

3. 食用颜料

选择各种可食用的不同颜色的食用原料，根据不同作品的用色要求酌量使用（图7-3）。

图7-2　琼脂

图7-3　食用颜料

三、琼脂雕的设备工具

琼脂雕的刀具目前市场也没有专用工具，一般都是作者自己制作的。琼脂雕刀具可用许多较薄的小刀代替，最好选薄而尖，富有弹性的工具，因为琼脂本身较嫩，质地细腻。雕刻时不但要细微，而且还要屏住呼吸，避免刀颤，以免雕刻的题材受到损伤。琼脂雕出现断裂等现象也可用502胶水进行粘合。

琼脂雕的工具和设备一般有平口刀、划线刀、戳刀、挖球刀、不锈钢盆、塑料盒、搅拌器、模具、蒸笼、蒸锅、冰箱等。

（一）平口刀（图7-4）

（1）一号平口刀为木柄精钢制造。

（2）二号平口刀为木柄精钢制造刀身呈三角形，刀刃锋利。

（3）三号平口刀为不锈钢刀柄，不锈钢刀片，两面刀刃锋利，刀片可根据需要折弯。

图7-4　平口刀

（二）划线刀（图7-5）

（1）U型划线刀有大号、小号两种，主要用于刻U型槽痕。

（2）菱形划线刀分直边和凹边两种。直边划线刀主要用于划三角形槽痕和线条；凹边划线刀主要用来刻线条和浪花。

图7-5　划线刀

（三）挖球刀（图7-6）

挖球刀中间为刀柄两端呈半圆形勺状，勺口锋利，可挖圆球形浪花或瓜果。

图7-6　挖球刀

（四）V型戳刀（图7-7）

V型戳刀由不锈钢制作，可用于戳浪花上的线条等。

（五）U型戳刀（图7-8）

U型戳刀由不锈钢制作，用于制作作品的结构。

（六）不锈钢盆（图7-9）

不锈钢盆用于浸泡和蒸制琼脂所用。

（七）塑料盒（图7-10）

塑料盒用于盛放蒸化好的琼脂。

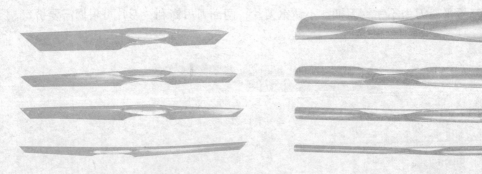

图7-7　V型戳刀　　　　　　　　　　　　图7-8　U型戳刀

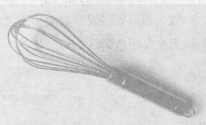

图7-9　不锈钢盆　　　　图7-10　塑料盒　　　　图7-11　搅拌器

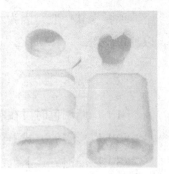

图7-12 琼脂雕模具

（八）搅拌器（图7-11）

搅拌器用于琼脂的搅拌。

（九）琼脂雕模具（图7-12）

琼脂雕模具用于不同花色品种琼脂雕的制作。

四、琼脂雕制作技法

（一）琼脂原料的加工

首先琼脂雕要选用质量较好的琼脂，用清水在常温下、浸泡90～100分钟，使其充分吸收水分，然后取出用清水洗净，沥干水分备用。其次把琼脂放入不锈钢容器中，按0.3∶1比例加入温水（150克琼脂加500克水），然后用保鲜膜封好容器，避免多余的水分流入容器中。琼脂在蒸箱内蒸80分钟左右，直至呈糊状充分溶解，然后将琼脂取出倒入所需形状的容器中，用事先调好的食用色素来调制所需颜色。溶解食用色素时需用80℃左右的热水调制，使色素达到最佳效果。如果急用也可用热水直接溶解琼脂，这时所蒸琼脂的时间应在20分钟左右。雕刻时如需硬度较大的琼脂，可以适当缩小水的比例，从而增强其硬度。

（二）雕刻成形

琼脂的质地比较柔软，容易碎裂，所以雕刻时要小心谨慎，动作要轻，下刀要准。雕刻时，一般先在琼脂表面画出人物、花、草、鱼、虫的大致轮廓，然后再用琼脂雕刻刀具逐一雕刻成形。

（三）模具琼脂雕制作方法

将琼脂用水放在火上熬化倒入模具，待冷却后即可。（琼脂适当的稠一些出来的琼脂雕就硬一些反之就软一些，模具开口处可以用保鲜膜包紧，也可用胶带粘上。）

琼脂太软一般是因为水加得太多，如果要做大原料，琼脂要多加点，水要适量，也可以加鱼胶粉。

（四）琼脂雕刻的调色

（1）琼脂调色时可在蒸制时加入食用色素制作的各种颜色琼脂块。

（2）以彩塑的方式上色，制成琼脂原料。

（3）以浸泡方式上色，也可得到各种颜色的琼脂原料。

（4）熬制不同颜色的琼脂块，组合在一起冷却后成套色琼脂雕原料。

五、琼脂雕的注意事项

（一）制作琼脂雕作品时，要掌握好琼脂和水的比例

制作琼脂雕作品时，要掌握好琼脂和水的比例，比例如果掌握不好，琼脂雕作品就可能失败，通常的比例是0.3∶1。

（二）制作琼脂雕作品存放在较低室温为佳，温度越低，存放时间就越长

琼脂雕作品存放在较低室温为佳，温度越低，存放时间就越长。温度过高容易发霉变质。

（三）制作琼脂雕作品时要注意卫生

制作琼脂雕作品的环境要干净整洁，装饰菜肴时，尤其要注意卫生。

六、琼脂雕作品的保存

（一）保持水分

雕刻好的琼脂成品应放入水中，停留片刻后取出，并用潮湿的洁布包裹或用保鲜膜密封起来，待用时再揭开。

（二）防止脱水干燥

琼脂雕的作品表面容易脱水干燥，导致表面皲裂，所以一定要时常向其表面喷洒清水，这样可以延长保存的时间。

（三）低温冷藏

密封好的琼脂雕作品应放入冰箱里低温冷藏，温度为1~4℃最适宜，这样可以保存一周的时间。如果整雕出现形态变样，可以将其重新蒸化二次使用，使用次数可达十几次。

第二节　琼脂雕实例训练

一、鸳鸯戏莲

【原料】琼脂、绿色色素。

【刀具】琼脂雕刻刀。

【刀法】划线刀法、直刀法。

【手法】横刀手法、刻刀手法。

【制作方法】见图7-13。

- 选一块琼脂在上面画上雕刻鸳鸯的形象。
- 去掉鸳鸯周围的废料，使鸳鸯的形态突出出来。
- 刻出鸳鸯的嘴、眼、翅膀。
- 刻出细小的羽毛等部位。
- 刻出莲花、莲蓬、莲叶。
- 检查完成。

【运用】用于看盘的装饰。

图7-13　鸳鸯戏莲制作流程图

二、富贵花开

【原料】琼脂、绿色色素。

【刀具】琼脂雕刻刀。

【刀法】划线刀法、直刀法。

【手法】横刀手法、刻刀手法。

【制作方法】见图7-14。

- 选一块长方形的琼脂，在侧面画出牡丹花的图案。
- 用平口刀去掉图案四周的废料。
- 用平口刀刻出下面一朵牡丹花。
- 用平口刀刻出上面一朵牡丹花。
- 用平口刀刻出花棱和花叶。
- 检查完成。

【运用】用于看盘的装饰。

图7-14 富贵花开制作流程图

三、小熊

【原料】琼脂、绿色色素。

【刀具】琼脂雕刻刀。

【刀法】划线刀法、直刀法。

【手法】横刀手法、刻刀手法。

【制作方法】

- 选择小熊琼脂雕模具。
- 将琼脂放入蒸笼中蒸化加入绿色色素。
- 倒入小熊琼脂雕模具。
- 放入冰箱中冷藏2小时，取出即成。
- 检查完成（图7-15）。

【运用】用于看盘的装饰。

图7-15 小熊

四、小兔

【原料】琼脂、绿色色素。

【刀具】琼脂雕刻刀。

【刀法】划线刀法、直刀法。

【手法】横刀手法、刻刀手法。

【制作方法】

- 选择小兔琼脂雕模具。
- 将琼脂放入蒸笼中蒸化加入绿色色素。
- 倒入小兔琼脂雕模具。
- 放入冰箱中冷藏2小时，取出即成。
- 检查完成（图7-16）。

【运用】用于看盘的装饰。

图7-16　小兔

五、玉米琼脂盘饰

【原料】琼脂、黄色色素。

【刀具】琼脂雕刻刀。

【刀法】划线刀法、直刀法。

【手法】横刀手法、刻刀手法。

【制作方法】

- 选择玉米琼脂雕模具。
- 将琼脂放入蒸笼中蒸化加入绿色色素。
- 倒入玉米琼脂雕模具。
- 放入冰箱中冷藏2小时，取出即成。
- 检查完成（图7-17）。

【运用】用于看盘的装饰。

图7-17　玉米琼脂盘饰

六、月季花琼脂盘饰

【原料】琼脂、粉红色色素。

【刀具】琼脂雕刻刀。

【刀法】划线刀法、直刀法。

【手法】横刀手法、刻刀手法。

【制作方法】

- 选择月季花琼脂雕模具。
- 将琼脂放入蒸笼中蒸化加入绿色色素。
- 倒入月季花琼脂雕模具。
- 放入冰箱中冷藏2小时，取出即成。
- 检查完成（图7-18）。

【运用】用于看盘的装饰。

图7-18　月季花琼脂盘饰

七、寿星

【原料】琼脂、绿色色素。

【刀具】琼脂雕刻刀。

【刀法】划线刀法、直刀法。

【手法】横刀手法、刻刀手法。

【制作方法】见图7-19。

- 选择寿星琼脂雕模具。
- 将琼脂放入蒸笼中蒸化加入绿色色素。
- 倒入寿星琼脂雕模具。
- 放入冰箱中冷藏2小时，取出即成。
- 检查完成。

【运用】用于看盘的装饰。

图7-19　寿星制作流程图

八、元宝娃

【原料】琼脂、绿色色素。

【刀具】琼脂雕刻刀。

【刀法】划线刀法、直刀法。

【手法】横刀手法、刻刀手法。

【**制作方法**】见图7-20。

> ● 选择元宝娃琼脂雕模具。
> ● 将琼脂放入蒸笼中蒸化加入绿色色素。
> ● 倒入元宝娃琼脂雕模具。
> ● 放入冰箱中冷藏2小时，取出即成。
> ● 检查完成。

【**运用**】用于看盘的装饰。

图7-20　元宝娃制作流程图

九、葫芦娃

【**原料**】琼脂、绿色色素。

【**刀具**】琼脂雕刻刀。

【**刀法**】划线刀法、直刀法。

【**手法**】横刀手法、刻刀手法。

【**制作方法**】见图7-21。

> ● 选择葫芦娃琼脂雕模具。
> ● 将琼脂放入蒸笼中蒸化加入绿色色素。
> ● 倒入葫芦娃琼脂雕模具。
> ● 放入冰箱中冷藏2小时，取出即成。
> ● 检查完成。

【运用】用于看盘的装饰。

图7-21　葫芦娃制作流程图

十、鲤鱼娃

【原料】琼脂、绿色色素。

【刀具】琼脂雕刻刀。

【刀法】划线刀法、直刀法。

【手法】横刀手法、刻刀手法。

【制作方法】见图7-22。

- 选择鲤鱼娃琼脂雕模具。
- 将琼脂放入蒸笼中蒸化加入绿色色素。
- 倒入鲤鱼娃琼脂雕模具。
- 放入冰箱中冷藏2小时，取出即成。
- 检查完成。

【运用】用于看盘的装饰。

图7-22　鲤鱼娃制作流程图

十一、如意娃

【原料】琼脂、绿色色素。

【刀具】琼脂雕刻刀。

【刀法】划线刀法、直刀法。

【手法】横刀手法、刻刀手法。

【制作方法】见图7-23。

- ● 选择如意娃琼脂雕模具。
- ● 将琼脂放入蒸笼中蒸化加入绿色色素。
- ● 倒入如意娃琼脂雕模具。
- ● 放入冰箱中冷藏2小时，取出即成。
- ● 检查完成。

【运用】用于看盘的装饰。

图7-23　如意娃制作流程图

十二、寿桃娃

【原料】琼脂、绿色色素。

【刀具】琼脂雕刻刀。

【刀法】划线刀法、直刀法。

【手法】横刀手法、刻刀手法。

【制作方法】见图7-24。

- 选择寿桃娃琼脂雕模具。
- 将琼脂放入蒸笼中蒸化加入绿色色素。
- 倒入寿桃娃琼脂雕模具。
- 放入冰箱中冷藏2小时，取出即成。
- 检查完成。

【运用】用于看盘的装饰。

图7-24 寿桃娃制作流程图

第八章

冰雕装饰技术

[学习目标]
1. 了解冰雕的概念、发展
2. 了解冰雕的特点、作用、应用
3. 掌握冰雕的原料、工具、制作方法
4. 冰雕装饰围边的注意事项、冰雕作品的保存
5. 能够制作出冰雕作品

第一节 冰雕理论基础

一、冰雕基础知识

（一）冰雕的概念

冰雕（图8-1）是一种以冰为主要材料雕刻出各种不同的造型用以装饰美化菜肴和美化宴饮环境的艺术形式。冰雕分为圆雕、浮雕和透雕三种。冰雕作品的形象有动物类、植物类、器物类 、景物类、人物类五种。冰雕与其他材质的雕塑一样，讲究工具使用、表面处理、刀痕刻迹，但由于它材质无色、透明，具有折射光线的作用，故此雕刻出的形象立体感不强，形象不够鲜明。为了弥补这一缺陷，造型时采用石雕和木雕手法，强调体面关系，突出形体基本特征，力求轮廓鲜明，在此基础上，精雕细刻，或者实行两面雕刻，使线条互相相交，雕痕纵横交错，在光线反射作用下，尤显玲珑剔透，从而取得远视、近视俱佳的观赏效果。

图8-1　冰雕

（二）冰雕的发展

早期我国东北地区，因天寒地冻，经常冰天雪地，门外积雪盈尺，那时已有人将河水结成的冰块鉴取雕成简单形状以盛物，故冰雕最早应发源于中国。在一般正式的酒会或餐会、喜席宴会上，以大型冰雕为主题，除增加会场气氛与气势外，更显其主题的光彩与明朗，故古时至今日，全东南亚甚至全世界都在流行。

北极的因纽特人和许多其他生活在北极圈地区的土著人，都用冰和雪来建造他们的家——众所周知的圆顶冰屋。这些圆形建筑是当地的土著居民利用他们居住的冰雪环境而手工雕刻的结果，这些建筑使它的居住者免受刺骨寒风和北极低温气候的侵袭。即使在今天，旅游者还可以选择留在为旅游者准备的圆顶冰雪小屋中过夜，例如建筑在格陵兰康克鲁斯瓦格的冰屋酒店度假村。其他的像瑞典和加拿大的冰雪旅馆，也是十分受游客欢迎的景点。

在1883年加拿大蒙特利尔举行的首届冬季狂欢节上，雕刻者用重达227千克的冰块雕刻了一个75平方米的城堡。

北美洲最大的冰雪宫殿建于美国科罗拉多州里德维尔的落基山脉上。为了努力恢复1893年崩溃的采矿城镇低迷的经济状况，采矿城镇建造了一个冰雪宫殿以吸引各地的游客。该冰雪宫殿自1896年1月1日向游人开放。它由5000吨的冰和725立方米的木板组成，占地2公顷。它同样十分实用，内部设有厨房、餐厅、舞厅、溜冰场和许多重点介绍当地特产的冰雕。该冰雪宫殿于1896年3月28日关闭，活动非常成功。

除了这些巨型的冰雪艺术作品以外，厨师和冰雪工匠为来自世界各地的顾客提供了同样激动人心，但体积更小、做工更精细的冰雕作品，这已经有450多年的历史了。在16世纪末期的意大利，人们用小冰桶来制作并冷冻早期的冰淇淋。在美国，从1867年起，戴尔莫尼科餐厅开始在纽约市的餐厅销售美国冰沙。1892年，厨艺大师奥格斯特·易斯柯飞指导伦敦萨沃伊酒店的厨房工作人员制作了著名的"蜜桃冰淇淋",它是以冰雕天鹅的形式表现出来的。冰雕是水在0℃以下结冻而成的,具有一定的硬度,清澈透明。用冰雕塑堆砌各种动物、人物及建筑,非常美丽壮观。当用雕塑的小鸟、动物、人物形象装饰餐桌时,更显别致,引人注目。近年来,冰雕技术发展较快,其制品工艺上有两种:一种是将水放入冰雕模具盒内,经冻结后即成各种象形物或器物装饰菜点;另一种是选用冰块堆砌后进行雕刻而成的大型立体冰雕造型。前一种多用于餐桌上,后一种多用于大型展台。

(三)冰雕的特点

1. 观赏性强,作品晶莹剔透

冰雕作品可以雕成各种造型,由于冰雕晶莹剔透,所以观赏性强,深受人们的欢迎。

2. 操作难度大,可塑性强

冰雕作品由于体积庞大,光滑难雕,需要专门的工具,所以操作难度大。因密度较大,所以可塑性强,可以雕成各种造型。

3. 操作时要有适当的温度

冰雕作品雕刻时要有适当的温度,一般要在零度以下,温度过高,冰块会融化,无法雕刻。

4. 装饰效果突出

冰雕作品可塑性强,装饰效果突出,多用于宴会的环境装饰,小型的冰雕用于菜肴的装饰。

(四)冰雕的作用

1. 提高宴会的气氛档次

冰雕主要是用在重要宴会、开业庆典等主要场合,冰雕作品高雅、洁白、干净、又富有极高的透明度,客人看后,会感觉到宴会的档次和重要性,体现出对嘉宾的尊重。

2. 作为器皿使用

冰雕器皿主要用作生吃器皿、果盘器皿。目前冰雕生吃器皿和果盘器皿运用到餐桌上还不太多,因为它成本高,制作起来较困难,上桌后时间较短,保存困难,必须在-6℃以下保存,还需专人保管,目前它只适合有一定条件的星级酒店。

3. 装饰美化菜肴

小型冰雕作品可以装饰美化菜肴,装饰效果突出、奇特。

4. 提高厨师的形象,展示厨师的技艺

冰雕作品在餐饮企业由厨师制作,可以提高厨师的形象,展示厨师的技艺。

5. 提高餐饮企业知名度

餐饮企业经常使用冰雕作品,相比其他餐饮企业来讲,能提高餐饮企业知名度。

（五）冰雕的应用

（1）利用小型冰雕作品放在盘子的边缘装饰美化菜肴。

（2）利用冰雕作品作为盛器装饰美化菜肴。

（3）利用大型冰雕作品放在宴饮环境中装点美化宴饮环境，提高宴饮的档次水平。

二、冰雕的原料

冰雕，是一种以冰为主要材料来雕刻的艺术形式。因为材料的可变性和挥发性，冰雕具有许多难点。要仔细选择适合冰雕的冰，理想的冰应该由纯净的水制成，这样才有很高的透明度。如果不是在严寒地带做冰雕，通常需要到大型冰库去雕。因此在热带地区，冰雕是不常见的。在冰库中共有三种冰，白色的、透明的和彩色的。白色冰像人们平常吃的冰棍；透明的冰纯洁剔透，没有一丝杂质；而彩色的冰有黄色、红色、紫色等多种色彩。

制冰很有讲究。据了解，最容易制成的冰是白色的冰，用普通的水冰冻就可以，白色冰砖一般组成冰雕的基础部分，用量最大。制作最麻烦的是透明冰，透明冰是用纯净水制成的，制作过程需要48小时，在制作的前24小时内，工人必须不眠不休，不停地清除制冰过程中产生的杂质。安置上灯后，七色的灯光从透明的冰体射出，带有梦幻色彩。技术含量最高的冰要数彩色冰了。制冰前需要在水中加入特殊的化学颜料，然后进行低温冰冻，如何让色彩均匀、颜料低温下不变色，配制时都需要特别注意。

三、冰雕的设备工具

冰雕工具目前市场有卖的，还有一些进口的冰雕工具。冰雕工具较昂贵，所以也可以自己制作，用起来不次于专业冰雕刀具。它的制作材料主要是木工用的刨刃、扁铲等，在刨刃上焊接上1米或再短一点的钢筋作把手，即成一个很好的工具。各地每年一度的冰雕节，都是用的这些工具，虽然工具看起来简陋，但雕出来的作品都是栩栩如生、千姿百态。现在一般有电锯（图8-2）和各种型号的凿铲（图8-3）。

图8-2　电锯

图8-3　凿铲

四、冰雕制作技法

冰雕制作的程序是：确定主题——设计造型——冰雕原料——初坯制作——细工雕刻——成品。

确定主题是依据宴会的内容和菜点需求，确定雕刻的对象。如制作冰雕作品——牛，首先对牛的动态、神态进行设计。根据牛的造型需求选用冰堆砌起大型冰块。初坯制作时需要先对牛的头部动态、位置、大小及身躯、四肢等形体特征来进行确定。细工雕刻是对牛的面部、肢体动作（包括蹄、腿、背、膝、腹、胸、颈等）及骨骼和肌肉纹理进行反复认真的雕刻。然后用冷水浇在作品上，使其表面光洁，更加晶莹剔透。

五、冰雕制作的注意事项

（一）温度要低

制作冰雕作品时，要在低温情况下进行，温度越低越好。在一般情况下，在0℃较宜，将雕好的作品浇上清水，使其表面更加光亮。冰雕作品存放在较低室温为佳，温度越低，存放时间就越长，在雕品底下要有盛水物，以免冰雕融化的水外溢。

（二）注意安全

制作冰雕的时候要注意安全。用冰夹子将冰从冰库中取出，注意夹冰的时候要用力确认夹牢。将冰块的落地面用宽铲铲平，确保其落地后的平稳，并在下面垫一块毛巾，以防止在雕刻时冰块的滑动。冰块要在冰库外面放置1~2小时以使冰块升温，过低的温度，会使冰块变得坚硬易碎。

（三）注意卫生

用冰雕模具制作的冰雕盛器，在装饰菜肴时，应在冰雕器物内用保鲜纸或铝箔纸隔离菜肴。

六、冰雕作品的保存

冰雕作品制作完成后要妥善保存，保存方法是：

（一）小型冰雕作品放入密封的盒子中放入冰箱冷冻室保存

小型冰雕作品制作完成后，保存时要放入密封的盒子中放入冰箱冷冻室保存。

（二）大型冰雕作品要放在温度较低的地方保存即可

大型冰雕作品制作完成时，因为体形较大，所以放在温度较低的地方保存即可。

第二节　冰雕实例训练

一、雄鹰

【原料】冰块。

【工具】冰雕刀。

【制作方法】见图8-4。

- 根据其作品的大小和造型的特点选择冰块或用冰块堆砌，用冰雕刀刻出雄鹰的大体轮廓。
- 用冰雕刀根据鹰姿，雕出大体轮廓。
- 将鹰头翅膀分开。
- 雕出鹰头，将翅膀，羽毛刻出。
- 整体细致刻画，组装完成。

【运用】运用于大型的展台。

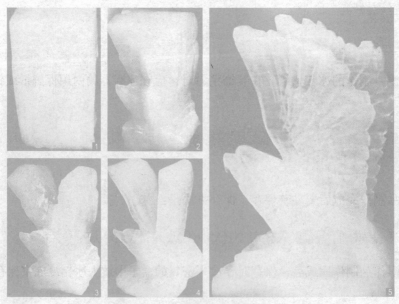

图8-4　雄鹰制作流程图

二、寿星

【原料】自来水。

【工具】寿星模具。

【制作方法】见图8-5。

- 将寿星模具用胶带粘好，灌入自来水，放冰箱中冷冻8小时。
- 取出模具，去掉胶带，打开模具。
- 取出冰制好的寿星即成。

【运用】运用于菜肴的装饰。

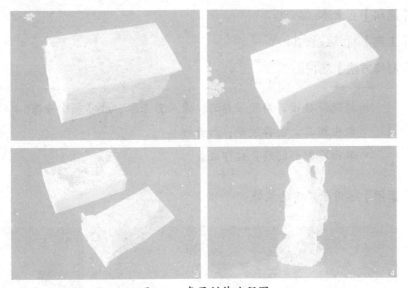

图8-5　寿星制作流程图

三、如意娃

【原料】自来水。

【工具】如意娃模具。

【制作方法】见图8-6。

- 将如意娃模具用胶带粘好，灌入自来水，放冰箱中冷冻8小时。
- 取出模具，去掉胶带，打开模具。
- 取出冰制好的如意娃即成。

【运用】运用于菜肴的装饰。

图8-6 如意娃制作流程图

四、葫芦娃

【原料】自来水。

【工具】葫芦娃模具。

【制作方法】见图8-7。

- 将葫芦娃模具用胶带粘好，灌入自来水，放冰箱中冷冻8小时。
- 取出模具，去掉胶带，打开模具。
- 取出冰制好的葫芦娃即成。

【运用】运用于菜肴的装饰。

图8-7 葫芦娃制作流程图

第九章

泡沫雕装饰技术

[学习目标]

1. 了解泡沫雕的概念、发展
2. 泡沫雕的分类、特点
3. 泡沫雕的作用、应用
4. 掌握泡沫雕的原料、工具、制作方法
5. 泡沫雕装饰围边的注意事项、泡沫雕作品的保存
6. 能够制作出泡沫雕作品

第一节 泡沫雕理论基础

一、泡沫雕基础知识

（一）泡沫雕的概念

泡沫雕是用泡沫板雕刻出各种动物、人物和景观等美好的形象，用以装饰美化宴饮环境的一种雕刻技艺。有的作品根据造型设计需要涂抹颜色，主要用于各种大型展台或在美食节活动中观赏，其作品气势磅礴、造型逼真，可以增添气氛，具有很高的艺术性和技术性。

泡沫雕塑（图9-1）因泡沫塑料自身的特性决定了它具有重量轻、工艺制作简单、操作方便、拼接容易、制作速度快、成品可直接着色并能高精度仿制其他各类材质效果、无须像泥塑等其他雕塑那样取模翻模，从而降低制作时间和制作成本等特点。对于单件产品

或复制量较少的产品或在特定场合及特定用途上来说，泡沫塑料具有其独特的优势。

图9-1　泡沫雕作品

（二）泡沫雕的发展

2000年以来泡沫雕开始用于大型宴会的展台制作中，现已经成熟地运用于餐饮企业中。同时还有一次制作、多次使用、存放泡沫雕刻在餐饮中应用时间较短，但在影视道具业早已广泛应用，泡沫雕成本低廉、成形快捷、可大可小，可常年保存，是制作大型展台的最佳原料，细腻的泡沫雕也是学好食雕的最佳样品。

（三）泡沫雕的特点

1. 成本低，重量轻

泡沫雕具有成本低、重量轻的特点，使用起来比较方便，一个人就可移动。

2. 适宜造型

泡沫雕适宜造型，适合营造大气氛，其作品大气，出效果，大小不受限制，可以任其发挥。

3. 造型效果众多，效果特殊

泡沫雕可上色，可做出仿真、仿铜、仿大理石、仿巧克力等许多特殊效果。

（四）泡沫雕的作用

1. 装饰美化宴饮环境气氛

泡沫雕近几年脱颖而出，不管是星级酒店还是中档次酒楼、大型宴会展台等，都开始摆放泡沫雕，主要原因是：它们是在餐饮中刚刚发展起来的一门新艺术，成本低、见效快、出效果，烘托宴会气氛。

2. 雕刻起来较快，搬运方便，易保存

其主要原因它能刻制特大型作品，不受任何限制。如果时间较长，落上浮灰，可以清洗或在作品上涂上一层丙烯金粉颜料，可变成仿金色作品，或涂抹一层奶油，变成奶油雕

或黄油雕等。

（五）泡沫雕的应用

利用大型泡沫雕放置在宴饮环境中装点美化宴饮环境，提高宴饮的档次水平。

二、泡沫雕的原料

泡沫板按密度分有15千克/立方米、20千克/立方米、25千克/立方米、30千克/立方米、50千克/立方米等，作为黄油雕的坯料及大型的较完整的作品（如马、牛等）可用密度较小的泡沫板，作品细腻的、小型的或较零散的（如鸟类、龙、人物等）就要用密度较大的泡沫板，雕刻花瓣、花叶、人物及飘带等可用极薄、细密的KD板。

三、泡沫雕的设备工具

目前在国内市场上还没有专门为泡沫雕设计制作的专用工具，一些作者及泡沫雕爱好者，都是在市场买的其他的一些工具代替。如美工刀、带尖锯或变压器、切割刀。还有一种是自制刀具，用钢锯条通过电砂轮打制出不同形状的泡沫雕工具。另一种就是胶棒枪，泡沫雕作品雕完后，有的必须得粘合，这种粘合最好的办法就是胶棒枪。胶棒枪上的胶棒无色透明，枪接电受热后使胶棒熔化，变成黏糊状，挤出粘合泡沫5分钟即可将作品粘牢，时间短、效果好，达到作品的完整性。

泡沫雕常见的工具有雕刻刀具、变压器切割刀、电热丝、胶枪、胶棒、喷枪、颜料、砂纸等。

（1）雕刻刀具（图9-2）用来切割泡沫板和雕刻细节所用。

（2）变压器（图9-3）用来调节220V电压所用，切割泡沫板时一般将电压调节在25V即可，电压不能超过30V。

（3）电热丝（图9-4）用来连接变压器切割泡沫板所用。

图9-2 雕刻刀具

图9-3 变压器

图9-4 电热丝

（4）胶枪（图9-5） 用来粘接泡沫板所用。

图9-5　胶枪

（5）胶棒（图9-6） 配合胶枪，使用时将胶棒装入胶枪粘接泡沫板所用。

图9-6　胶棒

（6）喷枪（图9-7） 用来给泡沫板上色所用，使用时将颜料装入喷枪直接喷在泡沫板上即可。

（7）颜料（图9-8） 用来给泡沫板上色所用。

（8）派克笔（图9-9） 用来在泡沫板上画出图案所用。

图9-7　喷枪　　　　　　　　图9-8　颜料

（9）圆规（图9-10）　用于在泡沫板上画圆所用。

（10）刷子（图9-11）　用于刷原料所用。

（11）美工刀（图9-12）　用于切割泡沫板所用。

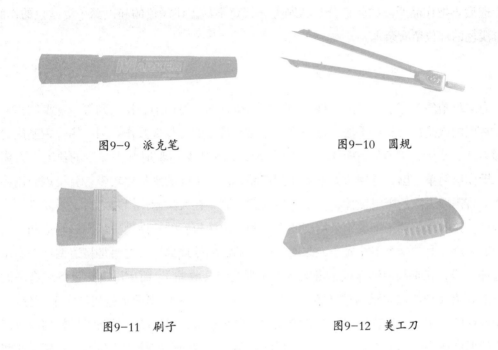

图9-9　派克笔　　　　　　　　　　图9-10　圆规

图9-11　刷子　　　　　　　　　图9-12　美工刀

四、泡沫雕制作技法

（一）泡沫雕制作步骤

雕刻泡沫，首先要在泡沫板上绘图，然后用直刀以推拉式切割或用电刻刀切割出大形。大型的泡沫板一般用电刻刀切割。

泡沫雕制作步骤为：确定主体 → 设计造型 → 泡沫板 → 初坯制作 → 细工雕刻 → 组合应用。

确定主题是泡沫雕的作品应根据宴会或展台的内容需求来确定泡沫雕的对象。以展台"中华魂"为例，对华表及陪衬物结构特征和造型进行设计，并根据造型的需求采取零雕整装法进行初坯制作。初坯制作时，还可用粉笔在泡沫板上绘出所需的图案，确定其高度、比例、大小、形状及造型。细工雕刻是对华表、底座及陪衬物底座、龙（头、身、背、鳍、尾、腿、爪等）各个部位的造型反复认真地雕刻。最后根据展台的要求将其组合应用即可。

（二）泡沫雕的上色

泡沫雕上色常用的颜料有广告色和丙烯颜料等。广告色用水调和，但上好色的作品遇水即溶，易裂、光泽度不够好；丙烯颜料除金色、银色外都可用水调和，其成本较高但干透后，不易被水解，光泽度较好，上好色的作品有尘土时，可用湿布擦洗，或直接用水冲洗。金色和银色最好不要调和，直接涂到作品上即可。

给泡沫板上色常用的工具有毛笔、刷子等。上色时，将雕刻好的作品刷一层基本色，待干透后再把作品所需的颜色分步骤刷上。浅色不易盖住深色的和以深色为基色的作品，要给浅色的部位留有余地。

（三）泡沫雕塑的制作手法

泡沫雕塑的工艺手法：削、刨、刷、磨、烫、锯、热切割、挖、刻等，造型制作方面比较常用的就是这么几种手法，每种手法都需要特定的工具来操作。削，用锋钢制成的长条形刀片，头尖，刀身长20厘米，宽1.5厘米，用于雕刻造型时削去多余的材料，刀要锋利，操作就简单。刨，适用于大型的雕刻产品，需要去除的废料比较多，就可以使用特制的凿子将需要去除的废料刨掉，便于塑造大型。刷，在大型制作出来之后，需要进一步修正造型，这时就需要用钢丝刷采用刷的手法利用泡沫板脆的特性进一步刷去刨痕和修正造型的准确度。磨，这个工艺属于泡沫雕塑塑性的后期处理部分，主要是将造型进一步做平滑处理。烫，就是利用泡沫板本身的特性（遇高温会收缩），而运用电热设备或有高温的金属工具为某种特殊质感而进行的工艺操作手法。锯，利用锯子将造型的多余部分锯掉，比较常用的锯子类型是燕尾锯。热切割，利用电热设备，根据图纸线条将材料切割成产品大致的形状或将电热工具制作成特定的形状切割成特定的造型等。挖和刻都是其他雕塑的比较常见的手法了。

五、泡沫雕的注意事项

（一）注意安全

制作泡沫雕时使用电热切割器和雕刻刀时要注意安全。

（二）选择合适的泡沫板

制作泡沫雕作品时，要选用强度适合的泡沫原料，原料不可过硬，也不可过软。

（三）上色要均匀

制作泡沫雕作品，上色时要均匀，有时要上几遍色时，要等前一遍干后，再上第二次色。

六、泡沫雕作品的保存

泡沫雕作品保存时，作品要轻拿轻放，放于干燥处，不要几件作品挤在一起，时间久了会相互粘连，注意防火和防尘土。

第二节　泡沫雕实例训练

一、奔马

【原料】泡沫板。

【工具】刻刀。

【制作方法】见图9-13。

- 取原料用手锯锯出奔马大形。
- 再用手锯锯出奔马的具体造型。
- 然后使用泡沫板专用刀修饰雕刻，打磨光滑。
- 细致修改完成作品。

【运用】用于展台的大型雕刻。

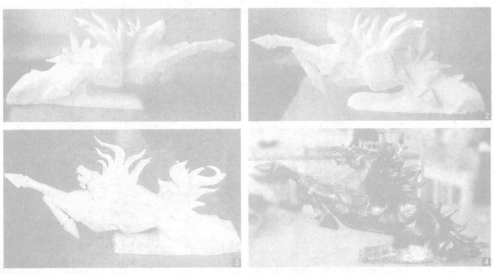

图9-13　奔马制作流程图

二、麒麟

【原料】泡沫板。

【工具】刻刀。

【制作方法】见图9-14。

- 取原料用手锯锯出麒麟大形。
- 再用手锯锯出麒麟的具体形象。
- 然后使用泡沫板专用刀修饰光滑。
- 细致刻画头、发型、身子、四肢，完成作品。

【运用】用于展台的大型雕刻。

图9-14　麒麟制作流程图

三、公鸡

【原料】泡沫板。

【工具】刻刀。

【制作方法】

- 取原料用手锯锯出公鸡大形。
- 再用手锯锯出公鸡的具体形象。
- 然后使用泡沫板专用刀修饰光滑。
- 细致刻画头、身子、四肢完成作品（图9-15）。

【运用】用于展台的大型雕刻。

四、牛

【原料】泡沫板。

【工具】刻刀。

【制作方法】

- 取原料用手锯锯出牛大形。
- 再用手锯锯出牛的具体形象。
- 然后使用泡沫板专用刀修饰光滑。
- 细致刻画头、身子、四肢完成作品（图9-16）。

【运用】用于展台的大型雕刻。

图9-15　公鸡

图9-16　牛

五、豹子

【原料】泡沫板。

【工具】刻刀。

【制作方法】

- 取原料用手锯锯出豹子大形。
- 再用手锯锯出豹子的具体形象。
- 然后使用泡沫板专用刀修饰光滑。
- 细致刻画头、身子、四肢完成作品（图9-17）。

【运用】用于展台的大型雕刻。

六、中华龙

【原料】泡沫板。

【工具】刻刀。

【制作方法】

- 取原料用手锯锯出龙大形。
- 再用手锯锯出龙的具体形象。
- 然后使用泡沫板专用刀修饰光滑。
- 细致刻画头、身子、四肢完成作品（图9-18）。

【运用】用于展台的大型雕刻。

图9-17　豹子　　　　　　　　图9-18　中华龙

七、寿星

【原料】泡沫板。

【工具】刻刀。

【制作方法】

> ● 取原料用手锯锯出寿星大形。
> ● 再用手锯锯出寿星的具体形象。
> ● 然后使用泡沫板专用刀修饰光滑。
> ● 细致刻画头、身子、龙拐、月亮完成作品（图9-19）。

【运用】用于展台的大型雕刻。

图9-19 寿星

八、双鱼嬉戏

【原料】泡沫板。

【工具】刻刀。

【制作方法】

- 取原料用手锯锯出双鱼大形。
- 再用手锯锯出双鱼的具体形象。
- 然后使用泡沫板专用刀修饰光滑。
- 细致刻画头、身子、水花完成作品（图9-20）。

【运用】用于展台的大型雕刻。

图9-20　双鱼嬉戏

第十章

黄油雕装饰技术

[学习目标]

1. 了解黄油雕的概念、发展
2. 黄油雕的分类、特点
3. 黄油雕的作用、应用
4. 掌握黄油雕的原料、工具和制作方法
5. 黄油雕装饰围边的注意事项、黄油雕作品的保存
6. 能够制作出黄油雕作品

第一节　黄油雕理论基础

一、黄油雕基础知识

（一）黄油雕的概念

黄油雕又称奶油雕（图10-1），黄油雕是最近几年发展较快的食品雕刻新形式，是用一种人造黄油——麦淇淋作为原料，雕刻成花、鸟、鱼、虫、人物、景物等形象，用于装饰美化宴饮环境的一种装饰技术。这种黄油具有含水少、黏性强、易贮藏等特点，故受到了许多专业人士的青睐。

黄油雕多采用的是加料法，即先扎好坯架，然后再往上面添加涂抹黄油。这种采用加料法的黄油雕，骨架扎到哪里，料就可以加到哪里，在空间走势上可以随心所欲，并且还不用担心受原料形状的限制，这算是黄油雕的一大优势。

图10-1　黄油雕

（二）黄油雕的发展

黄油雕是最早源于西方的一种食品雕塑，常见于大型自助餐酒会及各种美食节的展台。推出这种艺术表现形式，可以增加就餐气氛，提高宴会的档次，营造出一种高雅的就餐环境。黄油雕使用的并非是天然的黄油，而是人造黄油。人造黄油的品种很多，当然不是每种黄油都适合黄油雕，因为它们各自的含水量不同。一般来说，做食雕要选用硬度大，可塑性强一些的黄油。如专门用于制作酥皮点心及牛角面包的酥皮麦淇淋，这种黄油的可塑性较强，不易溶化，加之含水很少，故较容易操作。

（三）黄油雕的特点

1. 雕刻刀具特殊

黄油雕刻的刀具没有固定的规格，通常是雕塑人员根据自己的爱好，自己制作。

2. 雕刻时需要适当的温度

黄油雕刻的操作温度在15～20℃，这样便于雕刻成形且不易溶化，其作品不易变味，有效期长。

3. 雕刻选料特殊

黄油雕刻的原料选用于制作酥皮的麦淇淋为佳，其含水量少、硬度高、可塑性好，成品立体感强。

（四）黄油雕的作用

1. 装饰美化宴饮环境气氛

黄油雕作品一般为大型的，在酒店中多是用来装饰美化宴饮环境气氛使用，能够较好地烘托宴饮的环境气氛。

2. 烘托宴饮的主题

好的黄油雕作品可以烘托出宴饮的主题。

3. 展示厨师的技艺水平

黄油雕作品可以展示厨师的技艺水平，提高宴饮的档次。

4．提高酒店的知名度

能够制作黄油雕的酒店利用制作黄油雕的优势，可以展示酒店的形象，提高酒店的知名度。

（五）黄油雕的应用

黄油雕主要用于高档酒店的重要的宴会，黄油雕配上灯光，使其作品更加高雅，绚烂多彩、赏心悦目。在宴会中装饰美化宴饮环境气氛，点明烘托宴饮的主题。

二、黄油雕的原料

黄油雕的原料比较简单，只有黄油（图10-2）和泡沫塑料。

制作黄油雕的原料并非天然黄油，而是一种人造黄油。它的形态和口感跟天然黄油都很相似，但在价格上却要便宜很多。人造黄油在国外被称为"margarine"，这一名称是从希腊语"珍珠"margarine一词转化而来的。因为人造黄油在制作过程中，流动的油脂拥有迷人的光泽而命名。所以根据它的英文发音，人造黄油便有了另一个名字——麦淇淋。麦淇淋一般有黄、白两种颜色，其中黄色麦淇淋是为了仿效天然黄油的色泽而加入了β-胡萝卜素。因此，白色麦淇淋便不能称之为黄油，习惯上把它叫作人造奶油。人造黄油的品种很多，当然不是每一种黄油都适合做黄油雕，因为它们各自的含水量不同，熔点不同，故其软硬程度也就不同。一般来说，做食雕要选用硬度大一些的、可塑性强一些的黄油，如专门用于制作酥皮点心及牛角面包的酥皮麦淇淋，这种黄油的可塑性较强，熔点也比较高，加之含水很少，故比较容易操作。

图10-2　人造黄油

三、黄油雕的设备工具

黄油雕的工具没有特殊的工具，常见的有雕塑刀（图10-3）、尖头长刀（图10-4）、美工刀（图10-5）、热胶棒（图10-6）等。

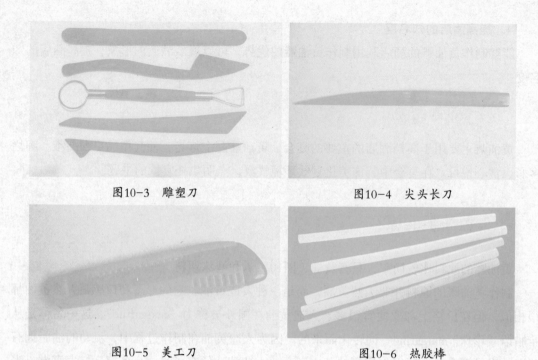

图10-3　雕塑刀

图10-4　尖头长刀

图10-5　美工刀

图10-6　热胶棒

四、黄油雕制作技法

（一）黄油雕制作方法

黄油雕刻的常用方法有两种：一种是黄油块类似于"混塑"的方法，做成初坯状，然后再精细雕刻出作品的特征。适宜于小型作品，如花、鸟、鱼、虫、小动物，可用来装饰菜点等。其特点是小巧玲珑、逗人喜爱、光润自然、香气浓郁。第二种是先用木架铁丝、泡沫板、麻布等原料制成骨架，再用工艺美术雕刻手法制作完成。适宜于一些大型宴会或展台上的观赏品。其特点是造型精美、气势磅礴、增添气氛、促进食欲，从而给宾客较高的艺术享受。

（二）黄油雕刻的制作步骤

制作黄油雕完全可以不用任何专业工具就能做好一件黄油雕作品，比如你用一根牙签、一支竹片、一双手足矣。当然为了方便操作，最好还是准备有一些专业工具，这些专业工具可以去美术用品商店买到。这些工具大都很简单，大体上都是用竹片、木头、铁丝等制作成的。

黄油雕总体来说应该是一个加料的过程。当然某些细微之处也有一些减料的地方，这里大致应该说是一个"塑"的过程。一件小的黄油雕作品，你可以直接用手捏出来，用于盘中装饰，然而用于装饰展台的那些较大的作品，我们在制作之前，就必须根据作品的大体形态去做一个支架。大型作品光靠黄油是很难长时间稳定的，特别是做有一定跨度的作品，更是非搭架不可，即使在冬天黄油很硬的时候，也要搭支架。

在做支架之前，应先找一块干净的木板进行消毒处理。然后用一些干净的木条、铁丝或筷子等根据雕塑时的形态做一个大致的骨架，并将其固定在木板上，最后连同木板放在一个转盘上，这当然是为了方便以后的操作。因为在制作的过程中需要不断地转动雕塑作品主体，以便于我们从不同的角度去观察、审视。第一道准备工序完成好后，接下来便是往骨架上添加黄油。我们可以先做一个大体的东西，也就是大概的形状。有大体形态后，就可转入具体部位的刻画。在这个过程中，我们要随时保持远看，特别是对于那些比较复杂的作品，因为在局部加减黄油过程中，经常可能出现局部与整体的关系遭破坏，造成比例不当的情况。因此，我们在制作过程中要灵活运用这一观察和制作的方法，也就是先从大体到细部，再从细部回到整体。此外，在制作时还要注意卫生，千万不要弄脏了黄油。手上的一点灰尘都可能在黄油上显露出来。如果作品不能一次性完成，那么在休息时可以盖上干净、轻薄的塑料台布进行保护。这里还需补充说一点，作品完成后，还应当进行最后的修饰工作，要让作品整体看起来更舒服、更美观。

一件黄油雕作品在制作过程中可以分为立意构图、扎架、上油、细节塑造、收光等几个步骤。

1. 立意构图

比如创作一个"龙凤和鸣"的作品，当构思这件作品时，要让龙凤在空中完全舒展开来，从而构成一幅刚健与柔美相融合的画面。在选择支撑物时，先在稿纸上做几次设计勾画。第一次用的是云彩，可很快便发现云彩对龙凤的遮挡过多，而且感觉整个画面的构思比较传统，缺乏新意。第二次选用"罗马柱"，但看上去又显得臃肿，没有那种灵动的感觉。翻阅了一些城市雕塑方面的书籍，我们发现许多作品都用的是不锈钢材料，而不锈钢所传达的是那种挺拔、刚毅的内涵。于是，可以用不锈钢圆管为蓝本设计好支撑物。当我们再做效果图时，会发现这些圆柱体很像乐谱上面的音符，于是，再根据龙凤的形态对所有的不锈钢管进行一次高低有序的排列（组成7个音符），最后就做成既现代又传统的作品。

2. 扎架

扎架是黄油雕制作过程中比较重要的一个步骤，它的好坏直接关系到作品的成败。我们在动手之前，先要准备好钳子、锤子、钉子、木板、粗细铁丝、钢丝等扎架工具。架子在整个黄油雕塑中起着定型和稳固的作用。扎架时应当注意两点：一要准。由于骨架基本定下了雕塑的形体走势，所以扎架时脑子里边一定要先确定塑造物的骨骼结构，即是说骨架间的距离一定要准，千万别把骨架之间的距离当成雕塑物之间的实际距离。例如作品"鹰击长空"，两只翅膀根部在鹰背上的距离是5厘米，鹰翅厚度约为1.2厘米，那么在扎架时，两者之间的距离就应该是1.2+5＝6.2（厘米）。制作者只有在骨架的位置和距离都拿捏准了以后，塑造具体形象时才能做到得心应手。二要稳。大骨架在木板上要钉得稳；小骨架在大骨架上也要缠得紧。有一点必须注意：因为黄油比较滑且容易脱落，所以在一些悬空的地方和比较着力的地方就需要缠上小的十字架以加大牵扯力量。比如作品"龙马精神"，由于这件作品高近2米，要用差不多95千克黄油，所以在扎架时，底座、龙身、马身、后腿等主要骨架都得用钢筋，小的骨架也要用6号铁丝去扎绑，如龙爪、龙须、马的前腿等。在骨架扎好以后，还要把大约100个小木块扎成的十字架绑在骨架上，目的就是要让黄油有更多的附着点。

3. 上油

骨架扎好后，还得检查其稳定性——把骨架平放在桌面上，用手左右晃动，如骨架容易往一个方向倾倒的话，可将骨架往相反的方向调整，直至稳定。稳定好骨架后，便可以上油了。比如雕塑"降龙罗汉"作品时，先在盘底抹一层黄油，再将骨架底座在盘子上安紧，然后用黄油把底座封起来塑成一个长方体的底座。另外，龙和罗汉要分开上油，由于罗汉是骑在龙身上的，所以应先把龙的形状捏出来并做成整体坯架，然后再在上面塑造罗汉和云彩。在这一过程中，需要注意捏出三者之间的层次关系，如罗汉的衣服要部分盖在龙身上，而云彩又要从罗汉的背部横着出来。上油时，油料要小块小块地往骨架上糊，并且每一块都要粘牢，不能留缝隙，否则就会影响到成品的稳固。在上油时，基本上不用刀具，只用捏的手法去完成。在这个步骤中要经常转动盘子，以便全方位地观察各部位是否准确，千万不要迷恋局部塑造。

4. 细节塑造

经过上面几个步骤，雕刻作品已基本形成，而下一步骤就是使作品成像更加细腻。成像一般都要用括、摸、按、捏、切、掏、刻、画等手法。刚接触黄油时，也许还不习惯黄油那种黏糊糊的感觉，不过用的时间长了，它就会在你手中如行云流水一般。"括"是细节塑造的第一步，我们可以用括刀将作品的形体准确、清晰地表现出来，如制作"鱼趣"时，当油料上完后，便用括刀圆形的那一端将每条鱼之间的余料括去，使得鱼和鱼的形体关系更加清晰地表现出来。"按"是指在作品表面，一些需要产生平整或圆润感觉的地方进行压光的手法，如制作"龙凤和鸣"处理凤的脖子时，括塑定形后的凤凰身体上还留下了一些括刀的痕迹，于是便用压塑刀将痕迹压光、压实，使其变得光滑圆润。

"刻"和"画"这两种手法，在作品塑造过程中是相辅相成的，一般多用在塑造人物的五官、动物的羽毛等细微部位。不过，这两种手法的交替使用应尽量做到一气呵成，因为黄油这东西易"熟"，也就是说如果你在处理人物五官时一次没刻画好，那么当你第二次再去弄时就会发现，比第一次更粘刀，并且在你再次修改时，很容易弄得一团模糊（这时只有将作品放入冰箱里，待变硬后再取出来制作）。

"掏"是用"S"型刀具或钩状刀具对作品中一些触及不到的地方进行塑造，这种手法用得比较少，并且也颇有难度，但它可以使作品表现得更为细致，更加耐看。例如在做龙头时，不但要外形塑得漂亮，而且还要能够把龙嘴内部结构，如舌根、齿龈等都塑造得很清楚。

"切"往往是在制作大型作品时才用得比较多，因为大型作品的形体截面可能较大，比如在做一些1∶1的人体时，不可能一开始就把肌肉、五官等做圆做细，得先用切刀将各部位的大体形状切出来以后，才开始塑造。当然那些小作品在制作底座时，也有用到"切"这一手法的，通过"切"把底座做得干净利索。

5. 收光

当作品已经基本成形时，最后还得将一些粗糙的地方进行收光——该圆润的圆润、该平整的平整。这是一个细致而琐碎的程序，需要的是耐心和细心，没有太多的技巧。

五、黄油雕的注意事项

（一）制作黄油雕要注意环境的温度

制作黄油雕温度不能过高，过高黄油容易溶化，不易雕塑。

（二）制作黄油雕要注意周围环境的卫生

制作黄油雕要注意环境卫生，以保证黄油雕作品的洁净。

（三）制作黄油雕要先打好基础，再进行雕刻，便于成形和保存

制作黄油雕时要有好的基础，因为黄油雕不易雕刻，有了基础就能便于成形和保存。

六、黄油雕作品的保存

黄油雕作品在使用完后，可以将黄油拆除收集起来妥善保存，以便下一次再使用。人造黄油的保质期一般为一年，所以只要黄油没有被污染，完全可以反复利用，从卫生的角度讲，专门用于雕塑的黄油最好不要食用。黄油的最佳贮存温度为15～25℃，如果室内温度不是很高，就不必放入冰箱内贮存。

第二节　黄油雕实例训练

一、西方少女

【原料】黄油、木架。

【刀具】黄油雕刻用刀具。

【刀法】划线刀法、塑形刀法。

【手法】横刀手法、刻刀手法。

【制作方法】见图10-7。

- 把一根木棒钉在一块木板上，然后把黄油围着支架堆出一个人物半身像。
- 用拇指在其面部按压出两只眼窝，接着用食指去勾勒人物鼻梁骨和嘴巴的大致轮廓。
- 根据人物的构造形态去添减黄油，不仅要添加发型，捏出鼻形和唇形，还要在眼窝处嵌入黄油搓成两只眼球。
- 取一块黄油搓成两根细长条，分别贴抹于眼球的上方，做成上眼睑。
- 用同样的方法做成下眼睑，同时用挖勺小心挖掉两只眼球中间各一块，让其形似瞳孔。
- 进一步细化人物的面部表情。处理好人物的胸部及装饰底座之后，最后用牙签细细划出人物头上的插花发式及胸前的装饰花卉。
- 修饰完成。

【运用】用于大型酒会看盘的装饰。

图10-7　西方少女制作流程图

二、天鹅

【原料】黄油、木架。

【刀具】黄油雕刻用刀具。

【刀法】划线刀法、塑形刀法。

【手法】横刀手法、刻刀手法。

【制作方法】

- 在泡沫板上雕出天鹅的大形。
- 根据天鹅的构造形态去添减黄油，捏出头、颈、翅膀。
- 进一步细化天鹅的形态，最后细细划出天鹅的翅膀。
- 修饰完成（图10-8）。

【运用】用于大型酒会看盘的装饰。

三、老鹰

【原料】黄油、木架。

【刀具】黄油雕刻用刀具。

【刀法】划线刀法、塑形刀法。

【手法】横刀手法、刻刀手法。

【制作方法】

- 在泡沫板上雕出老鹰的大形。
- 根据老鹰的构造形态去添减黄油，捏出头、颈、翅膀。
- 进一步细化老鹰的形态，最后细细划出老鹰的翅膀。
- 修饰完成（图10-9）。

【运用】用于大型酒会看盘的装饰。

图10-8　天鹅　　　　　　　　图10-9　老鹰

四、神女

【原料】黄油、木架。

【刀具】黄油雕刻用刀具。

【刀法】划线刀法、塑形刀法。

【手法】横刀手法、刻刀手法。

【制作方法】

- 把一根木棒钉在一块木板上，然后把黄油围着支架堆出一个人物全身像。
- 用拇指在其面部按压出两只眼窝，接着用食指去勾勒人物鼻梁骨和嘴巴的大致轮廓。
- 根据人物的构造形态去添减黄油，不仅要添加发型，捏出鼻形和唇形，还要在眼窝处嵌入黄油搓成两只眼球。
- 取一块黄油搓成两根细长条，分别贴抹于眼球的上方，做成上眼睑。
- 用同样的方法做成下眼睑，同时用挖勺小心挖掉两只眼球中间各一块，让其形似瞳孔。
- 雕塑出全身的各个部位。
- 进一步细化人物的面部表情。处理好人物的胸部及装饰底座之后，最后用牙签细细划出人物头上的插花发式与胸前的装饰花卉以及全身的各个细节。
- 修饰完成（图10-10）。

【运用】用于大型酒会看盘的装饰。

五、男孩

【原料】黄油、木架。

【刀具】黄油雕刻用刀具。

【刀法】划线刀法、塑形刀法。

【手法】横刀手法、刻刀手法。

【制作方法】

- 把一根木棒钉在一块木板上，然后把黄油围着支架堆出一个人物男孩全身座像。
- 用拇指在其面部按压出两只眼窝，接着用食指去勾勒人物鼻梁骨和嘴巴的大致轮廓。
- 根据人物的构造形态去添减黄油，不仅要添加发型，捏出鼻形和唇形，还要在眼窝处嵌入黄油搓成两只眼球。
- 取一块黄油搓成两根细长条，分别贴抹于眼球的上方，做成上眼睑。
- 用同样的方法做成下眼睑，同时用挖勺小心挖掉两只眼球中间各一块，让其形似瞳孔。
- 进一步细化人物的面部表情。处理好人物的胸部及装饰底座之后，最后用牙签细细划出人物头发。
- 修饰完成（图10-11）。

【运用】用于大型酒会看盘的装饰。

图10-10　神女　　　　　　　　　图10-11　男孩

六、秋

【原料】黄油、木架。

【刀具】黄油雕刻用刀具。

【刀法】划线刀法、塑形刀法。

【手法】横刀手法、刻刀手法。

【制作方法】

- 把一根木棒钉在一块木板上，然后把黄油围着支架堆出一个人物全身像。
- 用拇指在其面部按压出两只眼窝，接着用食指去勾勒人物鼻梁骨和嘴巴的大致轮廓。
- 根据人物的构造形态去添减黄油，不仅要添加发型，捏出鼻形和唇形，还要在眼窝处嵌入黄油搓成两只眼球。
- 取一块黄油搓成两根细长条，分别贴抹于眼球的上方，做成上眼睑。
- 用同样的方法做成下眼睑，同时用挖勺小心挖掉两只眼球中间各一块，让其形似瞳孔。
- 进一步细化人物的面部表情。处理好人物的胸部及扫帚底座之后，最后用牙签细细划出人物头上发式及全身的不同的部位。
- 修饰完成（图10-12）。

【运用】用于大型酒会看盘的装饰。

七、白雪公主

【原料】黄油、木架。

【刀具】黄油雕刻用刀具。

【刀法】划线刀法、塑形刀法。

【手法】横刀手法、刻刀手法。

【制作方法】

- 把一根木棒钉在一块木板上，然后把黄油围着支架堆出中间一个、前边七个人物的全身像。
- 用拇指在人物其面部按压出两只眼窝，接着用食指去勾勒人物鼻梁骨和嘴巴的大致轮廓。
- 根据人物的构造形态去添减黄油，不仅要添加发型，捏出鼻形和唇形，还要在眼窝处嵌入黄油搓成两只眼球。
- 取一块黄油搓成两根细长条，分别贴抹于眼球的上方，做成上眼睑。
- 用同样的方法做成下眼睑，同时用挖勺小心挖掉两只眼球中间各一块，让其形似瞳孔。

● 进一步细化人物的面部表情。处理好白雪公主及小矮人之后，最后用牙签细细划出人物的表情细节即可。

● 修饰完成（图10-13）。

【运用】用于大型酒会看盘的装饰。

图10-12　秋　　　　　　　　　　　图10-13　白雪公主

第十一章

瓜雕装饰技术

[学习目标]

1. 了解瓜雕的概念、发展
2. 瓜雕的种类、特点
3. 瓜雕的作用与应用
4. 掌握瓜雕的原料、工具和制作方法
5. 瓜雕装饰围边的注意事项、瓜雕作品的保存
6. 能够制作出瓜雕作品

第一节　瓜雕理论基础

一、瓜雕基础知识

（一）瓜雕的概念

瓜雕（图11-1）就是在各种瓜类原料的表面雕刻出花、鸟、鱼、虫等形象，用以装饰美化菜肴和宴饮环境的一种食品雕刻方法。

广义上讲，只要是以各种瓜类作为原料进行的食品雕刻就叫作瓜雕。如用西瓜、冬瓜雕的西瓜灯、冬瓜盅，用哈密瓜、南瓜雕的花篮、花罐，还有用牛腿瓜雕的花、鸟、鱼、虫、龙、凤、人物等。这是从原料性质上给食品雕刻的种类做的一个划分，按照这样的划分方法，与瓜雕概念并列的有：萝卜雕、芋头雕、琼脂雕、奶油雕等。但是，在实际工作中，常常根据食雕作品的内容进行分类，如花鸟雕、动物雕、人物雕、龙凤雕等。在这种

情况下，瓜雕一词所包含的内容就变了（其外延变小了），成了各种瓜灯、瓜盅、瓜篮、瓜罐等容器类食雕作品的集合。如果用牛腿瓜雕一只立体的凤凰或一只孔雀的话，人们通常把这种立体的雕刻叫作鸟类雕刻，而不叫瓜雕。

瓜雕过程对瓜体的外形改变不大，多为浮雕、镂空雕、套环雕等，所以从外形上看，瓜雕作品基本上保持了瓜体的原来形状。

图11-1　瓜雕作品

（二）瓜雕的发展

明清时期，江苏扬州出现了闻名全国的西瓜盅、西瓜灯。当时西瓜雕刻非常盛行，技艺相当精湛，原料选择西瓜，采用平面浮雕与镂空突环的雕刻技法，其中的突环更是变幻无穷、妙趣横生，令人无不拍手称奇。据载，清代乾隆、嘉庆年间，扬州席上，厨师雕有"西瓜灯"，专供欣赏、不供食用；北京中秋赏月时，往往雕西瓜为莲瓣；此外更有雕冬瓜盅、西瓜盅者，瓜灯首推淮扬，冬瓜盅以广东为著名，瓜皮上雕有花纹，瓤内装有美味，赏瓜食馔，独具风味。这些，都体现了中国厨师高超的技艺与巧思，与工艺美术中的玉雕、石雕一样，是一门充满诗情画意的艺术，至今被外国朋友赞誉为"中国厨师的绝技"和"东方饮食艺术的明珠"。《扬州画舫录》中有关于"西瓜灯"的记载："亦间取西瓜镂刻人物，花卉、虫鱼之戏，谓之西瓜灯。"康熙雍正年间的著名文人黄之隽的《西瓜灯十八韵》曰："瓣少瓤多方脱手，绿深翠浅但存皮。纤锋刻出玲珑雪，薄质雕成宛转丝。"可见当时食品雕刻技艺已相当精湛了。

（三）瓜雕技法的种类

1. 平面雕

这是瓜雕中最简单的一种雕法，就是用刻线刀（或木刻刀等）直接在原料表面上戳出较浅的线条图案（图案部分其实是略有凸凹的，所以也有人把这种雕刻叫浅浮雕），如山水、花鸟、鱼虾、动物等。如果图案部分是凹入原料表面的线条，则叫阴纹雕；如果将图案部分留出，将其他部分剔去（即图案是略凸出来的），则叫阳纹雕。平面雕（浅浮雕）多在西瓜、冬瓜的表面上雕出来。

2. 浮雕

浮雕在原料的表面上雕出向外凸出的图案，图案的立体感较强，所以也叫深浮雕。假如瓜皮的厚度为2厘米，那么图案的高度应在1厘米左右。高浮雕多用手刀雕出，某些部分也可用U型或V型戳刀，较少使用刻线刀、木刻刀。高浮雕多用南瓜雕出，也可用西瓜雕出。

3. 镂空雕

这是将瓜类原料表面的某些部分戳透镂空的一种雕法（需先挖净瓜瓤）。被镂空的部分多是图案的空余部分，图案部分可以是平面雕，也可以是高浮雕。一般情况下，镂空雕多是用西瓜或南瓜雕成的瓜灯，即在瓜体内点燃一支蜡烛或小电灯泡，摆在餐桌上供客人欣赏。有些镂空雕也可不用点燃蜡烛，直接摆在餐桌上供客人欣赏。

4. 套环雕

套环雕其实是一种特殊的镂空雕，只不过其图案部分既不是平面雕，也不是高浮雕，而是用挑环刀挑出的各种套环。套环的上部与瓜体分离，而套环的根部与瓜体相连，在一对方向相反互相嵌套在一起的套环底下将瓜皮切开，两部分瓜皮会因为套环的存在而连在一起，形成似断非断的效果。套环雕主要应用于雕西瓜灯。特殊情况下，也可用南瓜、萝卜、哈密瓜、黄河蜜瓜、伊丽莎白瓜等雕出。

5. 整雕

整雕是将西瓜的绿皮削去，利用西瓜的红瓤雕出一些立体的艺术形象，如牡丹花、月季花、大丽花、龙、凤等。西瓜的子在雕刻的时候可剔去。

6. 组合雕

组合雕就是将上面几种雕刻方法组合在一起来应用。这种方法比较常见，多数瓜雕作品都包含了几种雕刻技法。以"双鹤西瓜灯"为例，展翅飞翔的两只仙鹤是整雕，西瓜灯的主体部分是套环雕，套环之间的空余部分是镂空雕，瓜灯底座则是平面雕或高浮雕。

（四）瓜雕的特点

1. 技法简单

因为瓜雕主要是在原料的表面上进行雕刻，且多以浮雕为主，所以技法要比整雕（立体雕）简单。

2. 色彩艳丽，质感诱人

因各种瓜类本身就是烹饪原料，所以用瓜雕来配合菜肴，装饰席面，效果融洽、和谐，有亲切感。

3. 较高的艺术性

质地细腻，软硬适度，能表现丰富的细节，所以艺术性高，装饰效果好。

4. 使用方便

原料充足、价格低廉，四季都有供应，使用起来比较方便。

5. 实用性较高

因为瓜雕既能欣赏，又可作容器，而且有些容器类雕品本身也能食用，所以，还可增加菜肴的香味，故实用性很强。

（五）瓜雕的作用

1. 装饰美化宴饮环境气氛

瓜雕作品可以装饰美化宴饮环境气氛，给顾客一种新奇的感受，顾客往往啧啧称奇。

2. 烘托宴饮的主题

由于瓜雕的特殊性，用在宴饮环境中，可以烘托宴饮环境气氛。

3. 展示厨师的技艺水平

瓜雕的雕刻难度较大，进行瓜雕可以展示厨师的技艺水平。

4. 提高酒店的知名度

很多酒店没有瓜雕作品，因此，有瓜雕作品的酒店可以借此提高酒店的知名度。

（六）瓜雕的应用

瓜雕的应用比较广泛，既可用于一般的宴席菜肴的制作盛器和观赏，又可用于大型宴会的装饰美化，突出宴会的气氛，还可用于展示烹饪艺术文化的交流。

二、瓜雕的原料

瓜雕的原料，主要有南瓜、西瓜和冬瓜。此外，还有哈密瓜、白兰瓜、黄河蜜瓜、伊丽莎白瓜等。

（一）南瓜的种类及特点

南瓜也称倭瓜、莴瓜、饭瓜、番瓜等，在我国各地有很多不同的品种，均可用于雕刻，比较常见的有：

（1）京红栗南瓜　扁圆形，大小适中，表皮光滑，表皮和瓜肉均为金红色，所以也叫金瓜、京瓜。

（2）京绿栗南瓜　扁圆形，表皮绿色，有花纹，肉质厚，质地嫩。

（3）蜜本早南瓜　俗称狗头瓜、黄狼南瓜。棒槌形，表皮和瓜肉均为金黄色，肉质厚，易贮存。

（4）牛腿瓜　形体较大较长，粗似牛腿，表皮黑绿色，实心部分多，肉质淡黄或金黄色，特别适合于用实心部分雕人物、龙凤、动物、花鸟等整雕作品，也可为牛腿瓜的空心部分进行浮雕、镂空雕。

南瓜（图11-2）可雕刻成南瓜盅、龙舟、凤船、粮囤、花篮等容器类作品，用来盛装各种菜肴，也可雕成专供欣赏的浮雕或镂空雕的作品（如各式南瓜灯）。由于南瓜的肉质多为金黄色或淡黄色，且质地细腻、软硬适中，雕出的作品既富贵华美，又能表现丰富的细节，所以是瓜雕中的首选原料。南瓜的另一个特点是价格便宜，容易保存，一年四季均有供应。

图11-2 南瓜

（二）冬瓜的种类及特点

冬瓜是一种身份较为特殊的烹饪原料，它既可与名馔珍馐为伍，出现在皇宫盛宴、满汉全席上，又可装在粗瓷碗内摆在平民百姓的餐桌上。在食品雕刻中更少不了冬瓜。传统的粤菜里有一道名菜叫冬瓜盅（或叫夜香冬瓜盅），即将鸡、鸭、猪肉等原料放在雕刻好的冬瓜盅内一同加热至熟（蒸熟）。这里的冬瓜盅既是供人欣赏的艺术品，又是这道菜肴的容器，同时还能供客人食用，可谓是一举多得。

现在的冬瓜雕主要有四种应用形式：

（1）冬瓜盅 集容器、欣赏、食用于一体；

（2）冬瓜灯 即在表面上雕出各种图案后挖净瓜瓤，再挖去部分瓜肉使表皮变薄，内置蜡烛供客人欣赏；

（3）镂雕 即在表面雕出图案后将空余部分镂空，主要供客人欣赏（小的作品也可用于围边）；

（4）将冬瓜切成较小的块，再雕成鲤鱼、螃蟹、象棋子、金钱盒等小型容器，盛装菜肴后一同加热成熟。

冬瓜（图11-3）也叫东瓜、白瓜、枕瓜、水芝、地芝等，它的种类较多，适合于雕刻的主要有青皮瓜和毛节瓜两种。这两种瓜在市场上最常见到，青皮冬瓜形体较大，长圆形，重量可达5000克，表皮平整光滑，毛刺较少，颜色墨绿。适合雕龙舟、冬瓜盅、冬瓜灯、镂空雕等大型作品；毛节瓜（也叫节瓜）形体较小，重量多在500～1000克，颜色浅绿或翠绿，毛刺较多，质地细嫩，适合于雕小瓜盅。冬瓜中还有一种粉皮冬瓜，由于表面有一层厚厚的白色蜡粉，且毛刺过多，不适宜雕刻。

图11-3 冬瓜

同南瓜相比，冬瓜的皮略老硬。冬瓜的肉质较厚，色泽白中带绿，略透明（特别是在加热后），雕刻的时候会觉得质地略粗糙，不易表现出细节，所以冬瓜雕不能像南瓜雕那样把表皮完全削净，主要靠深绿色的瓜皮来表现各种艺术形象。

冬瓜雕的特点是色调简单、素雅、纯净、脱俗，造型及雕刻手法也比较简单。

（三）西瓜的种类及特点

西瓜的表皮翠绿，质地细腻，在表皮上既能雕出精细的图案，又能挑出各式瓜灯套环，且无论是绿色的表皮、白色的内皮，还是红色的瓜瓤，均能用于雕刻，这是其他瓜类不能相比的。瓜雕的特点是红绿相映、色彩美观、质地脆嫩、新鲜，诱人食欲，装饰效果极佳。

西瓜（图11-4）的种类从形状上分主要有椭圆形和圆形两种，从皮色上分有花纹西瓜和绿皮（无花纹）西瓜两种。用于瓜雕的西瓜最好选无花纹的西瓜，圆形和椭圆形西瓜均可使用，且应选形状规矩、表皮光滑、重量适中的西瓜。

西瓜雕的应用主要分三种形式：

（1）西瓜盅 用于盛装各种菜肴。一般情况下，西瓜盅多在盛夏季节使用，用于盛装果羹、凉菜、甜菜等，时令性较强，有时也可用于盛装热菜。如果连同菜肴一起加热，还能使菜肴汲取西瓜的清香味道。例如孔府名菜"一卵孵双凤"（也叫"西瓜鸡"），就是将两只雏鸡放入西瓜内加热至熟。

（2）西瓜灯 专供客人欣赏使用。西瓜灯多是采用套环雕技法，也可采用镂空雕技法，或是将套环雕、镂空雕组合在一起使用。西瓜灯雕刻是高雅的雕刻艺术，瓜灯作品不仅能提高宴席的档次，而且是调节宴席气氛的上等雕刻佳品。瓜灯的形式可谓是千变万化，内容不一，刻出的作品里边通上灯光或放上点燃的蜡烛真是玲珑剔透、妙趣横生。西瓜雕的题材多为吉祥的花卉、禽鸟、龙、山水风景、人物等图案，还有以各种套环组成的图案。瓜灯的构成主要是底座盅盖1／3高、盅体2／3高、底座1／3高和灯体两部分。

在雕刻作品里，往往将两个以上的瓜灯或瓜灯和西瓜花篮组合在一起，这样的作品气势磅礴、宏伟壮观，在酒店、宾馆的开业庆典或一些大型宴会上都要用到这类作品。

① 瓜灯的雕法主要有四种：阴纹雕（凹雕）、阳纹雕（凸雕）、镂空雕、悬浮雕。使用的主要工具是刻线刀、V型刀、U型刀和平口刀。

② 瓜灯的种类主要有四类：坐灯、吊灯、腰鼓灯、花篮灯。

③ 瓜灯的雕刻步骤大致分为：设计图案、刻阴纹线、刻套环、刻镂空图案切套环和掏瓜瓤几个过程。

④ 瓜灯的雕刻要求厨师有较高的技术，同时还要有一定的艺术修养，刻出的作品应是雕刻与绘画高度结合的艺术品，这样才能刻出精湛的瓜灯作品。

⑤ 瓜灯的组合套环是瓜雕的独门绝技，可谓千变万化、种类繁多，常见的有窗格环、三角环、方格环、圆形环，只要将两个相同或不同几何外形的基本套环互相组合，就能雕刻出很多种瓜灯图案，这也正是瓜灯雕刻的奥妙所在。很多初学者对瓜灯的组合套环望而生畏，认为很难雕，其实只要将基本套环练习好，那么很多复杂的套环都能迎刃而"刻"，而且可以在一个瓜体表面刻出两层，甚至是两层以上的套环、拉窗。

⑥ 将瓜皮削去，用西瓜瓤雕出牡丹花、月季花、大丽花或龙、凤、鲤鱼等形象。这类作品多用于做高档宴席或自助餐、鸡尾酒会的展台。

现在的厨师在制作果盘时，多要用西瓜皮雕一些立体造型来作点缀，即将小块的西瓜皮片薄，再雕（或切）成平面的树、草、花、鸟等，或用西瓜瓢雕成简单的鸟、龙、凤等，这也可算是一种特殊的西瓜雕。

图11-4　西瓜

（四）其他瓜类原料

现在各种新品种的水果越来越多地出现在我们的生活中，如哈密瓜、黄河蜜瓜、甜瓜、白兰瓜、网纹瓜、伊丽莎白瓜等。这些水果形体较小，质地密实，色彩鲜艳，香气浓郁，可用于雕花篮、花瓶、瓜盒、瓜罐、小船、粮囤等容器，这类作品具有美观、实用、可食、增香等功能。另外，还可用黄瓜雕一些作品，如青蛙罐、小船、竹简、金钱盒等。用这样的作品盛装菜肴，色调美观、清香宜人。

三、瓜雕的设备工具

瓜雕的设备工具与前文食品雕刻中介绍的基本相同，这里不再叙述。

四、瓜雕制作技法

（一）瓜雕的一般步骤

1. 构思

这一环节非常重要，包话设计主题、选择原料两项内容。要根据宴会的性质或菜肴的内容选择、设计出适宜的作品。

另外，还要考虑到原料的时令因素，盛夏季节，可多选用西瓜，秋冬季节多选用南瓜、冬瓜。选料的时候要考虑到原料的大小和形状，形状要规矩，表皮光滑，大小适中。西瓜雕最好选绿皮不带花纹的。

2. 画图

雕刻西瓜盅、西瓜灯或冬瓜盅、南瓜盅时，要将瓜体均匀地分成几个面，一般是3~4个面，在每个面上画出图案的边框，边框的形状可以是圆形、椭圆形、长方形、扇形等。然后，画出边框内的图案。有些作品的图案是没有边框限制的（如镂空雕的龙凤、花卉等）。

对于没有美术基础的人，在画鸟类和其他动物图案的时候，可选择运用"几何法"、"比例法"和"动势曲线法"，这样会大大降低画图的难度。

3. 雕刻

这是最为重要的一个环节，如果这一环节做不好，其他环节做得再好也等于零。雕刻的时候要集中精神、下刀稳健、干净利落。遵循先重点后一般、先正面后侧面、先局部后整体的原则进行工作。很多人在雕刻的时候（特别是在雕西瓜灯的时候），多是将瓜体放在工作台上不停地转动，这时要注意，雕好的部分转至底下与工作台接触时容易被损坏，因此，应在瓜的底下垫上几块湿毛巾。

4. 揭盖，挖瓜瓤

在将原料表面的图案雕完后，就要在原料的顶部或底部揭开一个圆形盖，瓜盅一定是在顶部揭盖；而瓜灯、镂空雕在顶部、底部揭盖均可。南瓜瓤、冬瓜瓤要挖净，而在雕西瓜灯时，西瓜瓤不宜挖得太净，要留一部分红瓤，这样在瓜内点燃蜡烛时，会透出红色的光来，非常美观。挖冬瓜瓤、南瓜瓤时，可使用U型戳刀或挖球刀；挖西瓜瓤时，可使用炒菜用的手勺。

5. 配底座，装饰

瓜雕作品完成后，多需配上一个底座，一般是选用相同种类的瓜切下一半或一少半，在其顶部旋下一圆盖，在侧面戳出装饰性的花纹，即可将瓜雕主体安放在底座上。注意，主体与底座之间要严丝合缝，不能有太大的间隙。

底座表面上的装饰花纹要与瓜雕主体所表现的主题相一致，例如，主体内容是鱼虾、天鹅、白鹭等，底座上最好雕浪花、水纹；如果主体内容是龙凤、麒麟，底座上的花纹最好是云彩卷。

瓜雕作品完成后，摆在餐桌上或餐盘中，为了调节色彩，美化主体，可在周围装饰一些法国香菜、花卉、小型鸟类及云彩卷、浪花或蝴蝶、蝈蝈等。

（二）西瓜灯雕法详解

对初学者来说，西瓜灯既美观漂亮、又神奇玄妙，那玲珑剔透的图案、红绿相间的色彩、复杂精巧的套环、新鲜的质感，让人叹为观止。

1. 套环式西瓜灯的雕刻步骤

（1）根据构思，用圆规、画线笔（或竹扦等）在西瓜表面上画出图案。套环图案要布局合理、形状规矩、大小相等、间距相同。

（2）用刻线刀或木刻刀戳出装饰花边，这些装饰花边分布在套环图案的周围和空余地方，戳的时候力求线条粗细相等、深浅一致。

（3）用挑环刀挑出各式套环，这也是制作西瓜灯最重要的一个步骤。操作时运刀要稳，注意力要集中，不要出现断条现象。为了防止戳好的套环在转移至下面时与桌面接触而断开，可将戳好的套环按回原位，并在瓜底垫几块湿毛巾。

（4）揭开瓜盖，挖净瓜瓤。带有花篮的瓜灯，可在顶部揭盖；如果是不配花篮的瓜灯，因为需要在顶部雕出各种图案，所以就要在瓜的底部揭盖。挖瓜瓤时，要留一些红瓤，这样会使瓜灯在点燃蜡烛（或电灯泡）时，能透出红色的光来。

（5）用手刀在套环底下将图案部分切开，使图案部分与整个西瓜分开，再将图案部分向外推出（由于两个方向的套环互相嵌套，图案部分不能彻底与西瓜分开）。这一步骤对初学者来说最容易出错，所以一定要在套环的底下将瓜皮切开。有一点要注意，在套环底下下刀将瓜皮切开时，容易将刀背上面的套环碰断，因为瓜皮含水量较大，质地脆嫩，为了解决这一问题，可将戳完的套环挑起来使之向外张开（即不要再与瓜体接触），这样套环与空气接触一会儿后会由于脱水而变得有韧性，不易断裂。西瓜灯只有在全部雕刻过程完成后才可放入水中浸泡或喷淋清水。

（6）将瓜灯与底座、花篮组合在一起，点上蜡烛或小电灯泡即可。

瓜灯与底座、瓜灯与花篮之间可用长竹竿子加以固定，如果是将雕好的3~4个瓜灯摞起来放置，可在瓜灯内立一个金属支架，以防止歪斜倒塌。花篮内既可摆放鲜花，也可放一些水果，比如桃子、苹果、香蕉、橙子等。

简单的瓜灯可在瓜内点燃一支蜡烛，蜡烛的上方要雕成镂空式的图案，以使热量迅速散发掉。复杂的瓜灯可在瓜内点燃小电灯泡或五彩花灯，不过在安装时一定要注意安全，避免漏电伤人。

2. 西瓜灯套环式样

（1）方环（图11-5）

图11-5　方环式样

（2）圆环（图11-6）

图11-6　圆环式样

五、瓜雕的注意事项

（一）注意选择原料

选择原料时要注意选择新鲜，色泽均匀，形态美观的瓜类原料，这样才能保证瓜雕有一个好的雕刻基础。

（二）雕刻时注意运刀准确

瓜雕时要注意下刀和运刀的准确，特别是瓜灯的雕刻，要注意不要使瓜环断掉。

（三）注意选择美观的图案

瓜雕时要选择吉祥美观的图案，这样可以给顾客带来美好的感受。另外，还可以选择艺术性强的图案进行雕刻，国外的一些艺术家多喜欢雕刻一些人物的头像作品。总之，瓜雕的雕刻其艺术性要强一些。

六、瓜雕作品的保存

（一）保存地点要选择

瓜雕首先要选择原料，这些瓜类原料要放置在阴凉干燥的地方进行保存。

（二）保存温度要低

对于瓜雕原料要注意环境温度不能过高，特别是瓜雕半成品和成品的存放要在0～4℃保存为好，这样，能够保存较长的时间。

（三）保存地点注意卫生

瓜雕时，要注意环境卫生的洁净和瓜类本身的洁净，这样雕刻出的瓜雕作品才能使人喜爱。

第二节　瓜雕实例训练

一、福禄寿瓜盅

【学习目标】掌握福禄寿瓜盅的雕刻技法。

【原料准备】一般选用西瓜、鲜花、绿叶等。

【工具准备】划线刀、U型刀、V型刀、挑环刀。

【制作方法】见图11-7。

- 取一西瓜，切下1/3高度；在上端开一圆口，用刻线刀刻出花边，将一周分成4等份。
- 在花边内戳出圆孔，用平口刀、U型刀刻出底座腿。
- 在分好的每个面上刻出镂空图案。
- 另取一西瓜，将瓜体分成上下两部分，上面为盅盖，约占瓜高1/4；下面为盅体，约占瓜高3/4。
- 将盅盖戳成8等份，用弧线连接。
- 将盅体一周分成3等份，每份上戳出一个最大圆形，并戳出阳文图案；在每两圆形间戳出三角形阴文图案。
- 在其中一个面上刻出"福"字。
- 在其中另一个面上刻出"禄"字。
- 在其中第三个面上刻出"寿"字。

【注意事项】首先要画好图案，雕刻时要注意图案的美观。

【运用】适合于在各种主题的宴席上做中小型展台。

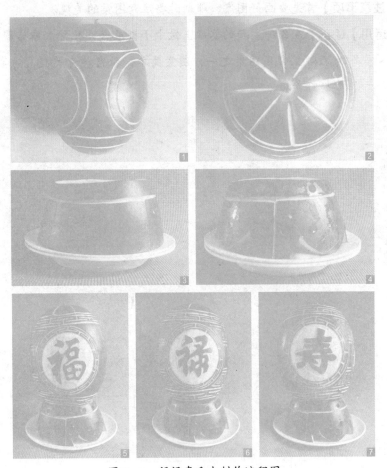

图11-7　福禄寿瓜盅制作流程图

二、西瓜灯

【学习目标】掌握如意瓜灯的雕刻技法。

【原料准备】一般选用西瓜、鲜花、绿叶等。

【工具准备】划线刀、U型刀、V型刀、挑环刀。

【制作方法】见图11-8。

- 取一西瓜，一周分成4等份，在每份上戳出一个最大圆形，在每两份连接处戳出三角形。
- 在每个圆上分成里外两圈，在外圈戳出4组三环套。
- 在里圈戳出4组异形三环套。
- 将下面周围三个拉窗切开拉出。
- 从瓜体下端开口，去掉瓜瓤，起出所有拉窗，用清水冲净即成。

【注意事项】首先要画好图案，雕刻时要注意图案的美观。

【运用】适合于在各种主题的宴席上做中小型展台，此种瓜雕为圆形双层拉窗，
为瓜灯里常用图案之一，图案简单，拉窗神奇美观，为宴席中的上乘
瓜灯作品。

图11-8　西瓜灯制作流程图

三、组合瓜灯

【学习目标】掌握组合瓜灯的雕刻技法。

【原料准备】一般选用西瓜。

【工具准备】划线刀、U型刀、V型刀、挑环刀。

【制作方法】

- 取一西瓜刻出瓜篮。
- 取另一西瓜刻出中间的瓜灯。
- 取一西瓜刻出底座。
- 将瓜篮、瓜灯、底座组合。
- 调整完成（图11-9）。

【**注意事项**】首先要画好图案，雕刻时要注意图案的美观。

【**运用**】适合于在各种主题的宴席上做中小型展台。

图11-9　组合瓜灯

第十二章

菜肴盘饰装饰技术

[学习目标] ∷∷

1. 了解菜肴盘饰的概念、发展
2. 了解菜肴盘饰的分类、特点
3. 了解菜肴盘饰的作用与应用
4. 掌握菜肴盘饰的原料、工具和制作方法
5. 菜肴盘饰围边的注意事项、菜肴盘饰作品的保存
6. 能够制作出菜肴盘饰作品

第一节　盘饰理论基础

一、盘饰基础知识

（一）盘饰的概念

菜肴盘饰又称作围边，是美化菜肴最常用的方式之一，就是将新鲜干净的蔬菜、水果等原料雕切成一定的形状，摆在菜肴的周围、中间或一边，通过简洁明快的线条、色彩搭配和生动的艺术构图，利用美观别致的造型和鲜艳的色彩对菜肴进行装饰和点缀。增强菜肴的视觉美感，使菜肴成为一件件既可吃又可欣赏的艺术品的技法。

随着社会的不断进步，人们的生活水平正不断提高。"民以食为天"，人们的饮食也日益追求高质量、高品位。餐桌上的菜肴除了以往的只追求"色、香、味、形俱全"，更发展到讲究菜肴的"器和饰"。精致的器皿，再加上别致高雅的盘饰点缀美化，既活跃了筵

席、宴会的气氛，又能增进宾客的食趣和食欲，更能提高菜肴的质量和品位。

　　盘饰（图12-1）从饮食传统的角度来看，在中餐菜肴中较多采用，使用的材料一般局限于常用的蔬果，其变化创新当然比较有限，现代菜肴盘饰的创作中大胆地结合了西餐的抽象艺术造型、中点的象生面塑、西饼的巧克力线条变化，中西结合使盘饰更有新意，更具多变性、灵活性，适用范围更广。

图12-1　盘饰

（二）盘饰的发展

　　菜肴盘饰早在中国古代已崭露头角，被应用于宫廷和王府的菜肴制作中。早期的菜肴盘饰比较简单，并不讲究盘饰和菜肴的搭配。随着烹饪文化的发展，菜肴盘饰得以逐渐从宫廷、王府流传到了民间，制作工艺也不断完善。直到今天，菜肴盘饰已形成了特有的风格，无论从盘饰的色彩搭配，还是从盘饰的制作成形都达到了较高的水平。菜肴盘饰已融入席面，被广泛地应用。

　　19世纪80年代初期，我国厨师就已经开始使用盘饰技术了，但那时技法比较简单，也就是在菜肴旁边摆一朵萝卜刻的月季花、牡丹花或黄瓜制成的喇叭花、佛手花，或几片香菜叶、芹菜叶等。而且流行范围很小，只在少数的饭店里能用得到。到了20世纪90年代初，由港、粤、沪地区首先流行起了新的盘饰技术，这种新的盘饰技术简单、好学，几乎不用雕刻，只需将几片黄瓜片、胡萝卜片、柠檬片等按一定的样式摆在盘边，就能使菜肴变得赏心悦目，因此迅速在全国各地流行开来。随着时代的发展、社会的进步，盘饰技术也变得越来越精细、越来越漂亮，而且雕刻技术在盘饰中的应用也越来越多、越来越广。

　　我国近代盘饰技术发展的几个阶段：

第一阶段是从1990年开始，随着我国的改革开放，酒店行业的兴起，在酒店中用胡萝卜简单地削的四角花及果蔬雕刻中的模具扣压出的梅花、小动物等，对盘边进行装饰，这也是在当时最简便、最节省原料的一种盘边装饰。

第二阶段是1992年以后，开始流行雕刻月季花、荷花和其他花卉品种，以及小型简易整雕用在菜肴的装饰中。

第三阶段是1995年前后，开始流行用各种瓜果雕切的盘饰造型，就是将橙子、黄瓜等多种水果，切成薄片沿盘子周围进行装饰。这种流程成本略高，制作时也浪费时间。

第四阶段是2000—2004年，开始流行用南瓜、胡萝卜、白萝卜等雕刻各种花鸟、鱼虫、龙凤等对盘边进行装饰，这一时期全国雕刻行业开始兴起，食雕作品开始走向多元化。

第五阶段是2005年以后，装饰盘边又将兽类雕刻、人物雕刻运用到盘饰中，更加提高了食雕中的技术含量。

第六阶段是2007年以后，我国一些酒店开始采用鲜花点缀盘边，主要采用小型鲜花对盘边进行装饰。

第七阶段是2008年前后，糖艺和果酱开始运用到盘饰中。糖艺盘饰主要采用花卉或抽象物件对盘边进行装饰。果酱盘饰主要采用各种颜色的果酱挤压，对盘边进行装饰。

第八阶段从2010年开始流行巧克力围边。就是用各种巧克力制作成各种插件对盘边进行的一种装饰。

第九阶段从2011年开始流行多元化围边，就是采用各种可用的食材原料对盘边进行的一种装饰。

（三）菜肴盘饰的种类

1. 菜肴盘饰从用途上分

（1）食用性盘饰　就是将烹饪原料（多为动物性原料）加工成若干个大小均匀、形状整齐美观的饼、条、卷、段等形状，用蒸、炸、煎、烧等方法加热成熟后围摆在盘边，中间再装上另一种菜肴的方法，这种围边其实是菜肴的一部分，具有食用和装饰两种功能，属于造型菜的一种形式。

（2）装饰性盘饰　将蔬菜水果等原料雕切成一定形状后围摆在菜肴的周围或一侧，只起装饰作用，不食用。装饰性盘饰的种类，简单地可分为平面式盘饰、立体式盘饰、容器式盘饰三类。

① 平面式盘饰：将黄瓜、胡萝卜、西红柿、柠檬等切成半圆形或其他形状的薄片，在盘边摆成一定的平面式的图案，以此来装饰美化菜肴的方法叫平面式围边，这种方法的优点是：简单、方便、省料、易学，不用什么雕刻技法，所以使用频率非常高。而这种方法的缺点是：品种单一，变化较少，对刀工要求较高，原料必须切得薄厚一致，大小均匀，且拼摆的时候比较费时间，适合于大众化的菜肴品种。

② 立体式盘饰：这种方法就是用立体的雕刻作品来装饰和美化菜肴，有时也可将立

体的雕刻作品同平面的围边方法结合在一起使用。这种方法要求厨师必须具备一定的雕刻技术，否则难以完成这项工作。这种方法的好处是造型美观、品位较高、变化多样、使用方便，虽然在雕刻的时候需花费一定时间，但雕刻好的作品装饰菜肴后，在盘中有较高的使用价值，又有极高的欣赏性。

③ 容器式盘饰：如龙舟、凤舟、瓜盅、作为容器式盘饰既可装饰菜肴又可作为盛装器皿盛装菜肴。

2. 菜肴盘饰从表现形式分

（1）包围式盘饰　指以菜肴为主，将装饰点缀物沿盘边排放。围成的形状一般是几何图案，如圆形、三角形、菱形等。包围式适用于单一口味的菜肴盘饰，一般适用放置滑炒等菜肴（图12-2）。

（2）分隔式盘饰　是指装饰点缀物将菜肴分隔成两个或两个以上区域的一种式样。分隔式适用于两个或两个以上口味的菜肴，一般采用中间隔断或将圆盘三等份的式样较多，适宜放置煎炸、滑炒等菜肴（图12-3）。

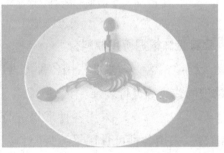

图12-2　包围式盘饰　　　　　　　图12-3　分隔式盘饰

（3）中央式盘饰　中央式是指菜肴装饰点缀物放置在盘子的中央，菜肴呈放射形排放的式样。中央式放置的菜肴一般呈中心对称排列，适用于单个成型的菜肴，适宜放置蒸制菜肴和炸制菜肴（图12-4）。

（4）边角式盘饰　边角式是指以菜肴为主体，在盘子的一角装饰点缀。边角式适用菜肴类型的范围比较广泛，菜肴的造型限制较少（图12-5）。

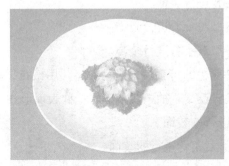

图12-4　中央式盘饰　　　　　　　图12-5　边角式盘饰

（5）象形式盘饰　象形式是指运用各种刀具和特殊的操作手法将盘饰原料制作成象形的图案。象形式可以分平面象形式和立体象形式。

① 平面象形式：指用排放、拼装等手法将盘饰原料制作成各种平面象形式的图案。例如兔形、公鸡形等。适宜放置滑炒等菜肴（图12-6）。

② 立体象形式：指用雕刻、排放、拼装等手法将盘饰原料制作成各种立体象形式的图案。例如小鸟造型、龙等。适宜放置的菜肴类型较为广泛（图12-7）。

图12-6　平面象形盘饰　　　　　　图12-7　立体象形盘饰

3. 菜肴盘饰根据所用原料分

（1）果蔬雕刻盘饰　主要指用各种可食用的果蔬为原料，进行的一种简易性雕刻，放在盘子的中间或边缘进行装饰。

（2）瓜果切配盘饰　采用各种瓜果进行雕刻或切配，用作装饰盘边的一种形式。果蔬切配围边、采用各种可食用果蔬为原料，用刀切、划、雕、模具扣压等手法进行盘边装饰。

（3）鲜花、花草盘饰　采用各种小型鲜花、花草对盘边的一种点缀形式，没有可食性。

（4）糖艺盘饰　主要以糖艺的各种简易造型，如花鸟、物件、球体、抽象拉条、气泡糖、书法等，对盘子边缘进行的一种简易装饰。

（5）巧克力盘饰　主要以各种可食性巧克力插件或用软糖粉制成各种抽象物件，捏塑花卉、卡通等对盘边的一种装饰。

（6）西式甜点类　利用一些西式甜点对菜肴进行装饰。

（7）面艺煎炸类　利用一些面艺煎炸的造型对菜肴进行装饰。

（8）面艺烘烤类　利用一些面艺烘烤的造型对菜肴进行装饰。

（9）果酱画盘饰　果酱围边、主要以各种颜色的可食性果酱为原料，用裱花袋在盘子的边缘挤出各种写意花鸟、鱼类、卡通、书法、英文、抽象线条等的一种表现形式。

（10）器皿用具类　利用一些器皿对菜肴进行的装饰。

（11）果蔬烤制类等　利用一些果蔬烤制类对菜肴进行的装饰。

4. 菜肴盘饰围边根据流派分

菜肴盘饰围边根据流派分为中式盘饰围边（主要包括果蔬雕刻围边、瓜果切配围边、果蔬切配围边、鲜花围边、果酱围边等）和西式盘饰围边（包括巧克力插件、奶油、糖艺等原料进行盘边装饰）。

（四）盘饰的特点

1. 取料广泛，费用低廉

菜肴盘饰的原料，一般都是应时果蔬，如黄瓜、番茄、萝卜、甜橙、菠萝、苹果和辣椒、花卉等。选取原料的范围广，用料量也不多，还可因料制宜，充分利用边角余料。其成本费用不高，在筵席中则起到意想不到的效果。

2. 工艺简单，制作简便

菜肴盘饰制作技艺简单易学，只要读者有兴趣，稍花一些时间，就能按图将果蔬切削、拼摆成可欣赏的装饰品。

3. 用途广泛，实用性强

根据宴席的实际需要，菜肴盘饰可简易制作，也可多花些时间运用多种刀法精心雕制；可在盛装菜肴的盘边添加使用，也可在空盘上预先精心制作，拼摆成高、中、低档的装饰品，以满足各种宴席和各个消费层次的需求。

（五）盘饰的作用

菜肴盘饰在整个菜肴的制作过程中，起着装饰和点缀的作用。在整个过程中属于辅助地位。虽然菜肴盘饰只处于辅助地位，但是一个制作精良、寓意深刻的菜肴盘饰，往往会起到画龙点睛作用。用可食用原材料，用最简练的造型对盘边进行装饰，既烘托菜肴，又给食客以美的享受。

1. 美化菜肴，提高档次

烹饪中一般原料制作的菜肴较多，对于这部分菜肴进行装饰美化后，能提高菜肴的档次，制作精良的菜肴盘饰，还可以提高菜肴的品位。

2. 使菜肴的形、色更完美，弥补菜肴在形状、色彩方面的不足

制作精良的菜肴盘饰不仅可以提高菜肴的品位，菜肴盘饰能使菜肴的形、色更完美、弥补菜肴在形状、色彩方面的不足。

3. 突出重点菜肴

有些菜肴成本较高，如虾仁、海参等，对这样的菜肴进行围边装饰，会使客人觉得此菜非同一般、非常重要。

4. 废物利用，减少浪费

厨房中常有些边角余料，如黄瓜头、芹菜叶、西瓜皮、冬瓜皮等，将这些原料利用起来，雕切成一定形状，用于装饰菜肴，可起到一举两得的效果。

5. 活跃筵席的气氛，增添情趣、引人食欲

富有寓意的菜肴盘饰可以渲染和活跃筵席的气氛，为宾客增添快乐、愉悦的情趣，还可以引起人们的食欲。

（六）盘饰的应用

菜肴盘饰现在普遍应用于冷菜、热菜、面点、西餐菜肴，菜肴盘饰的应用是有选择的，它是根据筵席、宴会的内容和具体要求，来决定菜肴盘饰作品的形态和使用流程。为了使菜肴盘饰的作品达到预期的效果，在制作之前，应注意以下几点要求：

1. 要根据宴会和筵席的规格和档次进行选择

档次规格高的要用较好和有一定寓意的盘饰作品。档次和规格低的用简易或小型菜肴进行盘饰，一般的筵席可不用盘饰。

2. 菜肴盘饰的盘具应起衬托色泽造型的作用

一般宜选用平底或浅底、单色或浅色无花纹的瓷盘、玻璃盘或银盘等，否则不论于盘饰的色彩和造型。另外盘具的形状可多样化，除常规的圆盘、腰圆盘外，菱形、多边形等其他形状的盘具均可选用。

3. 注意卫生要求

由于菜肴盘饰属冷盘，没有经过热处理，因此，搞好菜肴盘饰的卫生措施显得特别重要，这就要求我们首先要保持原料的清洁卫生、质地优良。不要使用变质或腐烂的水果，从而保证宴会的质量和客人的健康。

4. 注意菜肴盘饰的食用性

菜肴盘饰是由食用水果、蔬菜和装饰点缀物构成的整体，盘饰时应以食用水果、蔬菜为主。

5. 菜肴盘饰要适可而止

装饰点缀美化是菜肴盘饰的特色之一，应予以重视，但亦要注意应画龙点睛，切不可画蛇添足。

二、盘饰的原料

（一）菜肴盘饰的原料

菜肴盘饰所选用的原料较多，一般可根据不同原料的性质选择。

（1）水果性原料　柠檬、西瓜、甜橙、菠萝、猕猴桃、红毛丹、橘子、沙糖橘、火龙果、山竹、芒果、香蕉、红提、石榴、哈密瓜、龙眼、红苹果、绿苹果、杨桃、人参果、香瓜、木瓜、伊丽莎白瓜等。

（2）蔬菜性原料　胡萝卜、心里美萝卜、红樱桃、香菜叶、法国香芹、番茄、芹菜、

尖辣椒、黄瓜、(红、绿、黄灯笼椒)、冬瓜、圣女果、西蓝花、洋葱、蒜薹、莲藕、毛豆、香芋、法国香菜、花生、南瓜、小黄金瓜、白萝卜等。

（3）糖艺原料　白糖、食用颜料、水。

（4）盐雕原料　精盐、生粉、食用颜料。

（5）面塑原料　糯米粉、水、食用颜料、甘油等。

（6）巧克力原料　棕色巧克力、白色巧克力、食用颜料。

（7）花卉类原料　玫瑰花、菊花、康乃馨、非洲菊、百合、野山菊、蝴蝶兰、情人草、鱼叶、巴西叶、蓬莱松、天门冬、富贵竹、龟背叶、钢草、粽子叶等。

（8）制品类原料　土豆粉、红绿车厘子、柠檬汁、橙汁、番茄汁、各种颜色果酱、巧克力酱、粽子叶等。

（二）菜肴盘饰选用原料的要求

（1）原料必须是可食性的蔬菜、水果原料，新鲜脆嫩、色泽艳丽。

（2）原料必须清洗干净，不能有泥沙、污渍。

（3）有些原料在雕切成一定形状后，可用热水略烫一下，再用冷水漂凉使用，如黄瓜片、莴笋片、大青椒、胡萝卜等，这样做既可起到杀菌消毒的作用，又能使原料的颜色变得更加艳丽。

（4）不能用其他原料的工艺品装饰菜肴，如木制工艺品、金属制品、陶瓷制品、泡沫塑料制品等，有时可用些面塑制品装饰菜肴。

（5）谨慎使用鲜花和绿草，很多厨师朋友喜欢用鲜花来装饰菜肴，既省事又好看，但是很多鲜花是有毒的，使用时必须慎重，用观赏植物中的某些绿草来装饰菜品也是不适合的。

（三）菜肴盘饰的卫生要求

菜肴盘饰一般不经过高温消毒，过高的温度会使饰品变形、褪色，所以在制作菜肴盘饰之前必须对原料进行消毒，并且必须将没有消毒的原料和已消毒的原料分开放置，以免交叉污染。制作完成的菜肴盘饰如果暂时不用，必须用保鲜膜包裹，防止可能产生的交叉污染。

三、盘饰的设备工具

（一）菜肴盘饰的工具

1. 刀具

（1）长形水果刀（图12-8）　有30厘米、36厘米两种规格，特点是刀身长且薄，刀刃锋利，重量轻，使用灵活方便，是制作菜肴盘饰的主要刀具。

图12-8　长形水果刀具　　　　图12-9　尖刀　　　　图12-10　雕花刀

（2）尖刀（图12-9）　这种刀类似于西餐刀，刀身长23厘米，用法及特点与长形刀基本相似，选择时因人而异。

（3）雕花刀（图12-10）　市场上常见的有弯刀、直刀两种规格，长度为15~20厘米，特点是刀身薄且长，刀刃尖锐而锋利，主要用于简单雕刻。

2. 菜墩、菜板

菜墩、菜板（图12-11）用来将盘饰原料加工成各种不同的形状，较传统的木菜墩相比现代的菜板有各种规格、各种颜色、各种质地，选用更方便。

图12-11　菜墩和菜板

3. 装饰盘

盘子的规格分大（36厘米以上）、中（30厘米）、小（20~25厘米）三种规格。一般餐饮业适用平底盘或浅底窝形盘、单色或浅色瓷盘、玻璃盘、水晶盘及银盘等。形状可选择多样化，除常规的圆形外，还可选用菱形、多边形、树叶形等（图12-12）。如果家庭盘饰制作则使用普通的盛菜圆盘、方盘即可。

图12-12　装饰盘

4．装饰物

常用的装饰物有：樱桃（图12-13）、法国香菜（图12-14）、兰花等。装饰物是菜肴盘饰必不可少的组成部分，如做一盘精美的菜肴，若加上少许装饰物的点缀，就显得落落大方。

图12-13　樱桃　　　　　　　图12-14　法国香菜

5．模具

盘饰制作中有时要用到各种模具（图12-15），能起到事半功倍的效果。

图12-15　模具

6．裱花袋

裱花袋（图12-16）用来装裱土豆粉等使用。

7. 裱花嘴

裱花嘴（图12-17）和裱花袋配合可以挤出不同形态的土豆粉形状。

8. 拉网刀

拉网刀（图12-18）用于拉面皮等原料，一刀切下，即刻成网。

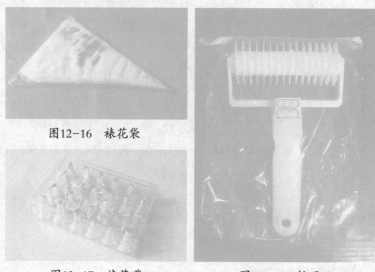

图12-16 裱花袋

图12-17 裱花嘴   图12-18 拉网刀

9. 酱汁笔

酱汁笔（图12-19）是将酱汁、果胶、巧克力等装进笔管里，可随意在盘子上进行精细的手工绘制装饰。

10. 酱汁软刷

软刷（图12-20）有不同规格，用于刷酱汁。

图12-19 酱汁笔   图12-20 软刷

11. 开蛋器

开蛋器（图12-21）主要用来将整个的鸡蛋开一个完整的口。

12. 多功能塑刀

多功能塑刀（图12-22）可用于面塑和糖艺，造型多变、使用方便。

图12-21　开蛋器　　图12-22　多功能塑刀

（二）菜肴盘饰制作的基本刀法及要领

1. 菜肴盘饰制作的常用刀法

菜肴盘饰制作的刀法与行业上加工切配菜肴原料时所用的刀法有所不同，另外因每个人的制作手法和习惯不同而也有所区别。所以根据在雕刻技法中的具体实践，总结如下几种刀法。

（1）直刀切法　是制作菜肴盘饰最常用的刀法，具体又可分推刀切法和拉刀切法。

（2）斜刀切法　是刀与砧板成斜角切改材料的一种刀法。

（3）平刀片法　是刀与砧板近乎平面切改材料的一种刀法。

（4）弯刀切法　是切改材料时刀与砧板的夹角不断发生变化的一种刀法，一般是将材料修成弧形或半圆形。

（5）旋　旋的刀法多用于水果削皮或把水果材料的表面修成圆弧状。

（6）刻　刻的刀法是盘饰中最常用的刀法，如将原料雕刻成花卉、鱼虫、鸟禽等。

（7）划　一般在瓜盅或瓜皮雕刻中使用，划出所构思的大体形态、线条，具有一定的深度，然后再刻的一种刀法。

（8）削　是指把盘饰原材料表面"修圆"，即达到表面光滑、整齐的一种刀法。

2. 菜肴盘饰刀具使用的要领

（1）握刀要有力、保持平稳、操刀要灵活轻巧。

（2）切原料时要用连切带拉的流程进行切割，此种切法使原料易于切割，而刀路平稳不至于影响原料的整洁。

（3）雕刻的刀具要保持锋利。

（4）切割或雕刻时要尽量一刀完成，避免重复雕刻。

四、盘饰制作技法

（一）菜肴盘饰基本要求和制作流程

1. 菜肴盘饰的基本要求

（1）原料要新鲜、干净，必须选用可食用的蔬菜水果原料。

（2）平面围边时要刀工精细、切片均匀，不能有薄有厚、有大有小、参差不齐，拼摆要整齐。

（3）色彩和谐，配色合理，不仅要考虑几种盘饰材料之间的色彩搭配，还要考虑菜肴与盘饰原料之间的色彩搭配是否色调鲜明，对比强烈，不能顺色，也不能过分花哨。比如，用大虾、基围虾、番茄酱等制作的菜肴色泽红润，这时用生菜叶、黄瓜片、香菜叶、法国香菜等装饰就非常合适，如果用胡萝卜片、西红柿片、橙子片来装饰就不好了。

（4）要选择汤汁较少或干爽无汁的菜肴进行围边盘饰（如用炒、爆、炸、熘、煎等方法制作的菜肴），而汤汁较多的菜肴（如烧、扒）则不适合围边盘饰。

（5）菜肴不要和围边盘饰部分直接接触，以免交叉污染。容器式围边在使用前要将刻好的盅、罐、盒等用蒸或煮的流程处理一下，杀菌消毒。如果是形状较大的龙舟、凤舟在底部要垫上一层锡纸。

（6）菜肴原料形状较小（丁、丝、粒、片、球等），可多用平面式围边盘饰或容器式围边盘饰，如果原料形状较大（如鸡翅、鸡腿、排骨、整鸡、整鸭等），则用立体雕刻作品围边盘饰比较合适。如用牡丹花、月季花、仙鹤、天鹅、小鸟、小鹿等。

（7）低档的、普通的菜肴可不用围边盘饰。凉菜可简单围边盘饰。

（8）立体式围边盘饰和容器式围边盘饰时，雕刻手法应简捷、明快、迅速、追求神似而不必过分求细。

（9）雕刻作品的主题要与菜肴原料之间建立某种关系。比如清炒虾仁，可刻几只大虾围边；清蒸鳜鱼，可刻一个老渔翁装饰；蚝油牛肉，可雕一只老黄牛在耕地；红烧兔肉，可在盘边衬上一只雕好的老鹰。这样才会使菜肴做到内容与形式的完美统一。

（10）围边盘饰的比例要适当，要恰到好处，不要过多过繁，要为了装饰菜肴而围边盘饰，不要为了盘饰而盘饰，不要喧宾夺主。

（11）某些菜肴的本身就是造型菜（如松鼠鱼、骨香鱼等）其外形已经非常完整漂亮了，因此不需要围边盘饰，否则就有画蛇添足之感。

2. 菜肴盘饰的制作流程

菜肴盘饰的制作流程根据其式样可以分为：

（1）切拼法　切拼法（图12-23）就是根据原料固有的色泽和形状，利用各种刀法和拼摆手法将原料切拼成各种图案。在选择原料时要注意原料的色彩与菜肴的色彩是否协调，如果颜色过于接近或反差过大，都会影响菜肴的整体质量。切拼法拼摆成的各种图案最好与菜肴主体相呼应。如年年有余这道菜，我们就可以制作一个鲤鱼戏水的菜肴盘饰，这样不仅对菜肴做了点缀，且富有寓意，可谓两全其美。

（2）雕戳法　雕戳法（图12-24）是利用食品雕刻工具将原料雕刻成各种富有寓意的作品来点缀菜肴。作品一般放置于盘子的中央，菜肴环形而放。这样的流程适用于中央式的式样。由于雕戳法常常运用到食品雕刻，所以操作难度较大。

图12-23　切拼法　　　　　　　　　　　图12-24　雕戳法

（3）排列法　排列法（图12-25）就是将原料切成片、丝、条等小块原料进行排列或重叠的一种点缀流程。排列法比较适用于包围式和隔断式。

图12-25　排列法

在将原料切成小料时要注意大小一致、厚薄均匀，在排列时要注意间隔距离一致。这样才能使盘饰整齐划一。

（二）菜肴盘饰的盛器选择

1. 盛器的形态

俗话说"红花还需绿叶配"，菜肴盘饰亦是如此，也需要一个好的盛器来陪衬，使盛器、盘饰和菜肴达到完美的统一。盛器的种类很多，从质地上可分为玻璃器皿、瓷器、陶器、金银器等；从大小上可将盛器分为各客和多人食用；从外形上可分为圆形、椭圆形、象形等，下面介绍两类不同形状的盛器。

（1）几何形盛器　此类盛器一般以圆形、椭圆形、多边形为主，盘中的装饰纹样多沿盛器四周均匀、对称地排列，有一种特殊的曲线美、节奏美和对称美。

（2）象形盛器　此类盛器是在模仿自然形象的基础上设计而成的，例如，模仿树叶设计而成的叶形盛器，模仿鱼类设计而成的鱼形盛器等。这些栩栩如生的盛器使宴席情趣盎然，生机勃勃。

2. 盛器和盘饰形状、色泽的合理搭配

（1）形状的搭配　使用几何形盛器所制作的盘饰，要紧扣"环行图案"这一显著特征，所设计的盘饰可根据菜肴和盛器而定。就是说，盘饰可以根据菜肴的外形和盛器的形状而设计，使菜肴、盘饰和盛器达到和谐。使用象形盛器所制作的盘饰，要充分利用象形图案的特点，在与盛器组配时要求形的统一。例如仿鱼形的盛器组配鱼形的盘饰，这样可使盛器和盘饰完美统一。同时，在使用象形盛器时还必须注意整体美，防止片面追求局部美。

（2）色泽的搭配　菜肴的盘饰，一般选用单色盘。所谓单色盘是指那些色彩单纯，又无明显图饰的盛器。例如白色盘、无色透明盘、米黄色盘、蓝色盘和黑亮的漆器盘，这类盛器由于颜色单一，所以可较好衬托盘饰和菜肴。其中，白色盘是使用最多的一种，它具有清洁、雅致的美感特征，一般的盘饰菜肴都能与白色盛器相配。在选用其他颜色的盛器时，要注意盛器的颜色是否与盘饰原料的色冲突。例如，绿色的盛器不适宜排放较多绿色的盘饰，包括黄瓜原料、西芹原料等；红色的盛器不适宜排放较多红色、橘红色的盘饰，包括胡萝卜、紫菜头等。色彩明快、艳丽的盘饰配以适宜的盛器，可以烘托席面的气氛，调节客人在食用前的情绪，刺激食欲。

五、盘饰装饰的注意事项

（一）注意干净卫生、防止污染

（1）菜肴盘饰的制作应在食品专用间或环境清洁的场地操作。

（2）操作人员应穿工作服，戴工作帽和口罩，双手消毒清洗干净或戴一次性手套。

（3）雕切原料用具应在使用前消毒清洗，使用专用抹布，每次使用后都要清洗，一布不可多用，以防交叉污染。

（4）所有原料在制作前要用清水浸泡清洗干净，以除表皮污染物质，保证食用安全。

（5）盘饰应现做现用，不易长时间存放。

（6）切完每种原料后，应立即擦拭留下的果渣，保证砧板表面干净。

（7）雕切原料要整齐，摆放要整洁，忌摆放杂乱无章。

（8）选购原料时要严把质量关，坚决不用腐烂变质的原料。

（9）做好的盘饰在出品前检查是否留有不干净的斑点或异物。

（10）切开的剩余原料应立即用保鲜膜包好后放入冰箱内存放。

（二）检查盛器是否有破损，如有破损应立即更换，以免割伤客人

盘饰时要检查盘饰的盛器是否有破损，如果有破损要立即更换，否则会影响和降低菜肴的质量。

（三）盘饰专用刀具用完后应放入指定的位置，以免滑落发生意外

盘饰专用刀具用完后要放入指定的位置，以免滑落发生意外，出现安全事故。

（四）要根据宴会和筵席的规格和档次进行选择

要根据宴会和筵席的规格和档次选择不同的盘饰内容进行盘饰设计与制作。

（五）菜肴盘饰的盘具应起衬托色泽造型的作用

菜肴盘饰的盘具应起衬托色泽造型的作用，选择时，可选择不同颜色的盘子。

（六）注意菜肴盘饰的食用性

盘饰时要注意菜肴盘饰的食用性，不可离开食用性而刻意追求装饰性。

（七）菜肴盘饰要适可而止

菜肴盘饰要适可而止，不可全部滥用盘饰，要画龙点睛、顺应自然。

六、盘饰作品的保存

菜肴盘饰可以在菜肴制作之前做好，也可以在菜肴装入盘中进行盘饰，对于提前做好的盘饰原料和盘饰要合理地保存，防止污染和变色影响盘饰的效果。

（一）原材料的保存

用保鲜袋包好放在冰箱的保鲜室内，尽量保持在0～4℃，以保证新鲜，防止原料的水分蒸发，变质腐烂。

（二）菜肴盘饰成品的保存

菜肴盘饰最好现点现做，如果要预先做好的，则要把菜肴盘饰成品放在干净卫生的冰箱保鲜室内，尽量保持0～4℃，千万不要与其他生料混放，防止污染。

第二节　盘饰实例训练

一、平面式盘饰

平面式盘饰一般采用南瓜、车厘子、香菜等原料制作而成，制作时将原料加工成整齐均匀的平面形态在盘中按设计好的图案摆放即可。平面式盘饰制作形象要美观，色彩要鲜艳。

1. 小菊花

【原料】南瓜、车厘子、香菜叶。

【刀具】切刀、小号雕刻刀。

【制作方法】

- 用切刀将南瓜切成圆柱形，再切成五个圆片，再用雕刻刀在圆片上划出三角形刀纹。
- 用雕刻刀把车厘子从中间切成两半。
- 把香菜叶、圆形南瓜片、车厘子组合成五个花朵摆放在盘边即成（图12-26）。

【特点】色彩搭配鲜艳夺目、装饰性强。

2. 蝶恋花

【原料】心里美萝卜、车厘子、香菜叶、黄瓜。

【刀具】切刀、小号雕刻刀。

【制作方法】

- 把心里美萝卜刻成月季花。
- 把黄瓜切成半圆形的片。
- 把车厘子从中间切成两半。
- 把刻好的月季花和香菜叶摆放在盘子的中间，把黄瓜切成半圆形的片，背靠背组合，放上车厘子，组合成五个图案间隔放入盘边即成（图12-27）。

【特点】色彩搭配鲜艳夺目、装饰性强。

图12-26 小菊花

图12-27 蝶恋花

3. 小荷花

【原料】圣女果、法国香菜。

【刀具】切刀、小号雕刻刀。

【制作方法】

- 把圣女果从中间切成两半，把另一半再切成两半。
- 把三朵法国香菜和三朵圣女果间隔六等份摆放在盘边即成（图12-28）。

【特点】色彩搭配鲜艳夺目、装饰性强。

4. 绿梅花

【原料】莴笋、车厘子、法国香菜。

【刀具】切刀、小号雕刻刀。

【制作方法】

- 把莴笋雕成五朵梅花形，五等份摆放在圆形盘外面，上面放上车厘子。
- 把五朵法国香菜间隔摆在梅花形中间即成（图12-29）。

【特点】色彩搭配鲜艳夺目、装饰性强。

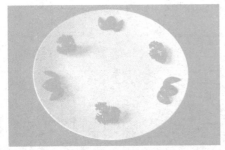
图12-28 小荷花

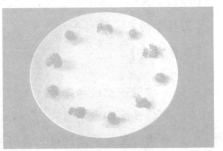
图12-29 绿梅花

5. 春意

【原料】橙子、圣女果、法国香菜叶。

【刀具】切刀、雕刻手刀。

【制作方法】

- 将橙子切成半圆片围摆在盘边。
- 把圣女果搭配法国香菜叶摆在盘边即成（图12-30）。

【特点】色彩搭配鲜艳夺目、装饰性强、美观实用。

6. 三元及第

【原料】黄瓜、柠檬、圣女果、车厘子。

【刀具】切刀、雕刻手刀。

【制作方法】

- 将黄瓜切成半圆片。
- 将黄色圣女果切成片。
- 把黄瓜片和黄色柠檬片平均组合三等份围摆在盘子边缘即成（图12-31）。

【特点】色彩搭配和谐、装饰性强。

图12-30　春意　　　　　　　图12-31　三元及第

7. 合家欢乐

【原料】黄瓜、橙子、心里美萝卜。

【刀具】切刀、雕刻手刀。

【制作方法】

- 将橙子切成半圆片。
- 将黄瓜切成半圆片。
- 将心里美萝卜切成三角形片。
- 将橙子片、黄瓜片、心里美萝卜片围摆在盘边即成（图12-32）。

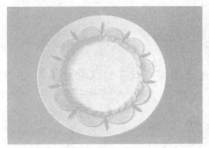
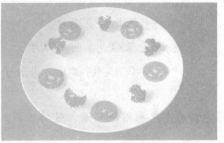

图12-32 合家欢乐   图12-33 财源广进

【特点】色彩搭配鲜艳夺目、装饰性强。

8. 财源广进

【原料】胡萝卜、法国香菜。

【刀具】切刀、雕刻手刀。

【制作方法】

- 把胡萝卜切成五个金钱形。
- 把金钱片和法国香菜间隔平均分成五等份摆在盘子边缘即成（图12-33）。

【特点】色彩搭配和谐、装饰性强。

9. 竞秀

【原料】黄瓜、胡萝卜、心里美萝卜。

【刀具】切刀、雕刻手刀。

【制作方法】

- 将黄瓜切成半圆片。
- 将胡萝卜、心里美萝卜雕刻成三朵花卉。
- 把黄瓜片和胡萝卜雕刻成的三朵花卉在盘中组合拼摆即成（图12-34）。

【特点】色彩搭配和谐、装饰性强。

10. 翩翩起舞

【原料】黄瓜、柠檬、车厘子。

【刀具】切刀、雕刻手刀。

【制作方法】

> ● 将黄瓜切成半圆片。
>
> ● 把柠檬雕成半圆夹刀片。
>
> ● 把黄瓜片、柠檬片、车厘子组合围摆在盘子边缘即成（图12-35）。

【特点】色彩搭配和谐、装饰性强。

图12-34　竞秀　　　　　　　　图12-35　翩翩起舞

二、立体式盘饰

立体式盘饰是用黄瓜、胡萝卜、心里美萝卜等原料采用雕刻的流程制作成一定的形象，放在盘子的不同位置用以装饰美化菜肴，和菜肴构成一个有机的整体。立体式盘饰制作形象要美观、色彩要艳丽，要有一定的趣味性。

1. 心花怒放

【原料】黄瓜、胡萝卜、法国香菜叶。

【刀具】切刀、雕刻手刀、U型戳刀。

【制作方法】

> ● 将黄瓜切成半圆片。
>
> ● 把胡萝卜雕成两朵小菊花。
>
> ● 把胡萝卜花和黄瓜片、法国香菜叶组合摆在盘子边缘即成（图12-36）。

【特点】色彩搭配和谐、立体装饰性强。

2. 天鹅戏水

【原料】实心南瓜、胡萝卜、心里美萝卜、花椒籽、502胶水、蓬莱松、石榴籽。

【刀具】切刀、雕刻手刀。

【制作方法】

- 将实心南瓜雕刻一朵菊花。
- 把实心南瓜用切刀切成1厘米厚的大片，再用手刀划刻出天鹅的脖子，接着刻出呈V字形与主体原料相连的细条状衔接带。
- 用尖口刀将主体原料划刻成展开的翅膀。
- 用手刀由上向下将翅羽及脖子的衔接处割成夹刀片。
- 用胡萝卜刻出鹅头，用502胶水与脖子粘接好，再装入花椒籽作眼睛。最后翻开双翅将脖子根部提起倒插入翅缝中。
- 把心里美萝卜雕刻一朵浪花。
- 把天鹅、菊花、浪花、蓬莱松、石榴籽组合摆在盘子边缘即成（图12-37）。

【特点】色彩搭配和谐、立体装饰性强、天鹅高贵美丽、惹人喜爱。

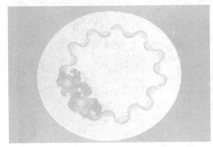 

图12-36 心花怒放　　　　　　　图12-37 天鹅戏水

3. 情投意合

【原料】实心南瓜、花椒籽、502胶水、蓬莱松、圣女果。

【刀具】切刀、雕刻手刀、U型戳刀。

【制作方法】

- 把实心南瓜用切刀切成3厘米厚的大片料块，用尖口直刀划刻出鸳鸯身体大形，并刻去上方多余废料和下方多余废料，打出鸳鸯的大形。
- 用尖口直刀细刻出身体和羽毛。背上的相思羽用U型刀戳刻。
- 另刻一只没有冠羽和相思羽的雌性鸳鸯，花椒籽装眼睛。
- 根据图案的需要设计，将鸳鸯和配件在盘中用502胶水组合即成（图12-38）。

【特点】色彩搭配和谐、立体装饰性强、鸳鸯象征爱情、惹人喜爱。

4. 思恋

【原料】胡萝卜、502胶水、蓬莱松、石榴籽、圣女果。

【刀具】切刀、雕刻手刀、V型戳刀。

【制作方法】

- 把胡萝卜雕刻成一只相思鸟。
- 再雕刻一朵番茄花。
- 把鸟、花和蓬莱松、石榴籽根据图案的需要设计在盘中用胶水组合即成（图12-39）。

【特点】色彩搭配和谐、立体装饰性强、具有较强的可视性。

图12-38 情投意合   图12-39 思恋

5. 追求

【原料】南瓜、心里美萝卜、法国香菜叶、冬瓜皮、蓬莱松、圣女果。

【刀具】切刀、雕刻手刀、V型戳刀。

【制作方法】

- 用南瓜刻成两条小鱼。
- 把心里美萝卜刻成菊花。
- 把冬瓜皮刻成水草、圣女果刻成小花。
- 把鱼、菊花、水草、法国香菜叶、蓬莱松组合在盘中即成（图12-40）。

【特点】色彩搭配和谐、立体装饰性强、趣味性强。

6. 虾趣

【原料】胡萝卜、心里美萝卜、法国香菜叶、蓬莱松、冬瓜皮、圣女果。

【刀具】切刀、雕刻手刀、V型戳刀。

【制作方法】

- 用胡萝卜刻成两只虾。
- 把心里美萝卜刻成底座。
- 把冬瓜皮刻成水草。
- 把圣女果切成两半。
- 把两只虾、底座、水草、圣女果、法国香菜叶、蓬莱松在盘中组合即成（图12-41）。

【特点】 色彩搭配和谐、立体装饰性强、趣味性强。

图12-40　追求　　　　　　　　图12-41　虾趣

三、容器式盘饰

容器式盘饰是用南瓜、西瓜等原料雕刻成具有一定的装饰性形象，而且能够盛放东西的盘饰。容器式盘饰制作要精美，色泽要鲜艳，形象要大方美观。

1. 金瓜福盅

【原料】 小金瓜、圣女果、蓬莱松。

【刀具】 切刀、雕刻手刀、U型戳刀、V型戳刀。

【制作方法】

- 在圆形金瓜表面画出盖子与口的位置。
- 切出瓜盅的雏形，挖瓤。
- 戳出花篮表面的福字。
- 将花篮摆在盘中，配上蓬莱松、圣女果刻的花即成（图12-42）。

【特点】 色彩搭配鲜艳夺目、富有创意、装饰性强。

2. 彩椒盅

【原料】黄彩椒1个、火龙果1个、猕猴桃1个、石榴1个、蓬莱松。

【刀具】切刀、雕刻手刀、V型戳刀。

【制作方法】

- 把一个黄彩椒用切刀切下1/4制成盅形。
- 挖空内部即成。
- 在黄彩椒内部放上切成的火龙果丁、猕猴桃丁、石榴粒放入盘中。
- 装饰上蓬莱松、石榴籽即成（图12-43）。

【特点】色彩搭配和谐、立体装饰性强。

图12-42　金瓜福盅　　　　图12-43　彩椒盅

四、创意盘饰

创意盘饰是利用不同的原料制作出不同的盘饰造型对菜肴进行装饰。其盘饰造型具有一定的造型特色，风格各异，装饰效果突出。

1. 蘑菇传情

【原料】小蘑菇、土豆粉、蓬莱松、红色车厘子、巧克力酱。

【工具】裱花袋、雕刻刀、剪刀、白色盘子。

【制作方法】

- 把土豆粉倒入不锈钢盆中加开水搅匀。
- 把搅匀的土豆粉倒入裱花袋中，用裱花袋挤土豆粉在盘中。
- 把小蘑菇剪去根洗净插在土豆粉上面，插上蓬莱松。
- 把红色车厘子放在土豆粉上。
- 盘子的一角，用巧克力酱点画渐变的圆点进行装饰即成（图12-44）。

【特点】色彩搭配和谐、立体装饰性强、趣味性强。

2. 月季争艳

【原料】粉红色小月季花、土豆粉、情人草、羊齿叶。

【工具】裱花袋、雕刻刀、剪刀、白色盘子。

【制作方法】

- 把土豆粉倒入不锈钢盆中加开水搅匀。
- 把搅匀的土豆粉倒入裱花袋中，用裱花袋挤土豆粉在盘中。
- 把粉红色小月季花剪去根洗净插在土豆粉上面，插上羊齿叶。
- 把情人草放在土豆粉上即成（图12-45）。

【特点】色彩搭配和谐、立体装饰性强、趣味性强。

3. 直上云天

【原料】鸡蛋卷、土豆粉、蓬莱松、红、绿色车厘子。

【工具】裱花袋、雕刻刀、剪刀、白色盘子。

【制作方法】

- 把土豆粉倒入不锈钢盆中加开水搅匀。
- 把搅匀的土豆粉倒入裱花袋中，用裱花袋挤土豆粉在盘中。
- 把鸡蛋卷剪去根洗净插在土豆粉上面，插上蓬莱松。
- 把红、绿色车厘子放在土豆粉上即成（图12-46）。

【特点】色彩搭配和谐、立体装饰性强、趣味性强。

图12-44　蘑菇传情

图12-46　直上云天

图12-45　月季争艳

4. 财神送福

【原料】财神模具、精盐、红色车厘子、蓬莱松、黄色食用色素、淀粉、巧克力酱、清水。

【工具】微波炉、不锈钢盆、搅拌器、胶带、白色盘子。

【制作方法】

- 把精盐倒入不锈钢盆中加淀粉、黄色食用色素、清水搅匀。
- 把搅匀的黄色的盐倒入模具中，用胶带粘好放入微波炉中高火打2分钟。
- 把模具取出掰开，取出里面的财神。
- 盘子的一角，用巧克力酱点画渐变的圆点进行装饰，放上红色车厘子、蓬莱松即成（图12-47）。

【特点】色彩搭配和谐、立体装饰性强、趣味性强。

5. 圣女果

【原料】圣女果、蓬莱松、巧克力酱。

【工具】雕刻刀、剪刀、白色盘子。

【制作方法】

- 把圣女果刻成莲花形放入盘中，放入蓬莱松。
- 用巧克力酱点画渐变的圆点进行装饰即成（图12-48）。

【特点】色彩搭配和谐、立体装饰性强、趣味性强。

图12-47　财神送福

图12-48　圣女果

6. 人参果

【原料】人参果、蓬莱松、红色车厘子、巧克力酱。

【工具】雕刻刀、剪刀、白色盘子。

【制作方法】

● 把人参果刻成莲花形放入盘中，放上红色车厘子、放入蓬莱松。

● 用巧克力酱点画渐变的圆点进行装饰即成（图12-49）。

【特点】色彩搭配和谐、立体装饰性强、趣味性强。

7. 归航

【原料】色拉油、龙须面、鸡蛋清、淀粉、面粉、海苔、火龙果、蓬莱松、红色车厘子、石榴籽。

【工具】裱花袋、雕刻刀、剪刀、白色盘子。

【制作方法】

● 把龙须面用海苔粘上鸡蛋清、面粉、淀粉混合成糊粘住两头，下入温油锅中炸成小船形。

● 把火龙果切成丁和石榴籽放在小船上放入盘中。

● 用红色车厘子、蓬莱松、石榴籽进行装饰即成（图12-50）。

【特点】色彩搭配和谐、立体装饰性强、趣味性强。

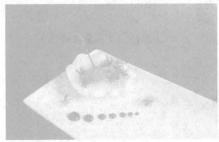

图12-49 人参果　　　　　图12-50 归航

8. 相亲相爱

【原料】火龙果、猕猴桃、圣女果、蓬莱松、巧克力酱。

【工具】雕刻刀、剪刀、白色盘子。

【制作方法】

● 把火龙果、猕猴桃切成丁放入盘中，放上红色圣女果和蓬莱松。

● 用巧克力酱点画渐变的圆点进行装饰即成（图12-51）。

【特点】色彩搭配和谐、立体装饰性强、趣味性强。

9. 蘑菇云

【原料】 土豆粉、色拉油、虾片、圣女果、蓬莱松、绿色车厘子、石榴籽。

【工具】 裱花袋、雕刻刀、剪刀、白色盘子。

【制作方法】

- 把虾片下入温油锅中炸成蘑菇云形。
- 把土豆粉倒入不锈钢盆中加开水搅匀。
- 把搅匀的土豆粉倒入裱花袋中，用裱花袋挤土豆粉在盘中。
- 把蘑菇云插在土豆粉上面，插上蓬莱松。
- 用绿色车厘子、蓬莱松、石榴籽、圣女果进行装饰即成（图12-52）。

【特点】 色彩搭配和谐、立体装饰性强、趣味性强。

图12-51　相亲相爱

图12-52　蘑菇云

10. 甜蜜

【原料】 鸡蛋卷、蓬莱松、巧克力酱、三角饼干。

【工具】 裱花袋、剪刀、白色盘子。

【制作方法】

- 把鸡蛋卷、三角饼干放入盘中。
- 用红色车厘子、蓬莱松点缀。
- 用巧克力酱点画渐变的圆点进行装饰即成（图12-53）。

【特点】 色彩搭配和谐、立体装饰性强、趣味性强。

11. 扇贝

【原料】 巧克力扇贝、土豆粉、蓬莱松、红色车厘子、巧克力酱。

【工具】 裱花袋、雕刻刀、剪刀、白色盘子。

【制作方法】

> ● 把土豆粉倒入不锈钢盆中加开水搅匀。
> ● 把搅匀的土豆粉倒入裱花袋中，用裱花袋挤土豆粉在盘中。
> ● 把巧克力扇贝插在土豆粉上面，插上蓬莱松。
> ● 用红色车厘子、蓬莱松点缀。
> ● 用巧克力酱点画渐变的圆点进行装饰即成（图12-54）。

【特点】色彩搭配和谐、立体装饰性强、趣味性强。

图12-53　甜蜜　　　　　　　　　图12-54　扇贝

12. 金鱼

【原料】巧克力金鱼、蓬莱松、红色车厘子、巧克力酱。

【工具】雕刻刀、剪刀、白色盘子。

【制作方法】

> ● 把巧克力金鱼放在盘子一角。
> ● 用红色车厘子、蓬莱松点缀。
> ● 用巧克力酱点画渐变的圆点进行装饰即成（图12-55）。

【特点】色彩搭配和谐、立体装饰性强、趣味性强。

13. 寿星

【原料】模具、蓬莱松、红色车厘子、巧克力酱。

【工具】雕刻刀、剪刀、白色盘子。

【制作方法】

> ● 用模具制作巧克力寿星。
> ● 把巧克力寿星放在盘子一角。

- 用红色车厘子、蓬莱松点缀。
- 用巧克力酱点画渐变的圆点进行装饰即成（图12-56）。

【特点】色彩搭配和谐、立体装饰性强、趣味性强。

图12-55　金鱼　　　　　　　　图12-56　寿星

14. 欢聚

【原料】土豆粉、杏鲍菇、色拉油、圣女果、蓬莱松、绿色车厘子、石榴籽。

【工具】裱花袋、雕刻刀、剪刀、白色盘子。

【制作方法】

- 把杏鲍菇下入温油锅中炸成山形。
- 把土豆粉倒入不锈钢盆中加开水搅匀。
- 把搅匀的土豆粉倒入裱花袋中，用裱花袋挤土豆粉在盘中。
- 把山形杏鲍菇插在土豆粉上面，插上蓬莱松。
- 用绿色车厘子、蓬莱松、石榴籽、圣女果进行装饰即成（图12-57）。

【特点】色彩搭配和谐、立体装饰性强、趣味性强。

15. 莲藕情谊

【原料】莲藕、火龙果、圣女果、蓬莱松。

【工具】雕刻刀、剪刀、白色盘子。

【制作方法】

- 把莲藕用雕刻刀刻成筒形。
- 把火龙果切成丁放入莲藕筒中。
- 用蓬莱松、圣女果进行装饰即成（图12-58）。

【特点】色彩搭配和谐、立体装饰性强、趣味性强。

图12-57 欢聚

图12-58 莲藕情谊

16. 弥勒送福

【原料】弥勒模具、精盐、黄色食用色素、淀粉、巧克力酱、清水。

【工具】微波炉、不锈钢盆、搅拌器、胶带、白色盘子。

【制作方法】

- 把精盐倒入不锈钢盆中加淀粉、黄色食用色素、清水搅匀。
- 把搅匀的黄色的盐倒入模具中，用胶带粘好放入微波炉中高火打4分钟。
- 把模具取出掰开，取出里面的盐雕弥勒佛。
- 把弥勒佛放入盘子的一角，用巧克力酱写上字进行装饰即成（图12-59）。

【特点】色彩搭配和谐、立体装饰性强、趣味性强。

17. 情谊深长

【原料】土豆粉、情人草、粉色勿忘我花卉、巧克力酱。

【工具】裱花袋、造型玻璃杯、白色盘子。

【制作方法】

- 把土豆粉用开水澥开搅匀，装入裱花袋中。
- 把土豆粉用裱花袋挤入造型玻璃杯中。
- 在造型玻璃杯中的土豆粉上面插上情人草和勿忘我花卉，把玻璃杯放入盘子一角。
- 用巧克力酱在玻璃杯的旁边挤上好看的英文即成（图12-60）。

【特点】色彩搭配和谐、立体装饰性强、趣味性强。

图12-59 弥勒送福   图12-60 情谊深长

18. 创意兰花

【原料】土豆粉、兰花草、巧克力酱。

【工具】裱花袋、红色勺子、白色盘子。

【制作方法】

- 把土豆粉用开水澥开搅匀，装入裱花袋中。
- 把土豆粉用裱花袋挤入红色勺子中。
- 在勺子中的土豆粉上面插上兰花草，把勺子放入盘子一角。
- 用巧克力酱在勺子的旁边挤上好看的英文即成（图12-61）。

【特点】色彩搭配和谐、立体装饰性强、趣味性强。

19. 心心相印

【原料】土豆粉、红色果酱、绿色果酱、巧克力棒、粉红色巧克力片、巧克力酱。

【工具】裱花袋、白色盘子。

【制作方法】

- 把土豆粉用开水澥开搅匀，装入裱花袋中。
- 把土豆粉用裱花袋挤入白色盘子一角中。
- 在土豆粉上插入巧克力棒和巧克力片。
- 用巧克力酱在盘子一角中间挤上中间是心的好看的对称图案。
- 在心的位置挤上红色的果酱，两边挤上绿色的果酱即成（图12-62）。

【特点】色彩搭配和谐、立体装饰性强、趣味性强。

图12-61　创意兰花　　　　图12-62　心心相印

20. **勿忘我**

【原料】土豆粉、勿忘我花卉、情人草、洋葱圈、巧克力酱。

【工具】裱花袋、白色盘子。

【制作方法】

- 把土豆粉用开水澥开搅匀，装入裱花袋中。
- 用巧克力酱在盘子底部挤成交叉的形态，把洋葱圈放上面。
- 在洋葱圈上把土豆粉用裱花袋挤上去，上面插上勿忘我花和情人草即成（图12-63）。

【特点】色彩搭配和谐、立体装饰性强、趣味性强。

21. **情意绵绵**

【原料】土豆粉、红色车厘子、小粽子叶、法国香菜、巧克力酱。

【工具】裱花袋、白色盘子。

【制作方法】

- 把土豆粉用开水澥开搅匀，装入裱花袋中。
- 用巧克力酱在盘子底部挤成渐变的小圆点的形态；把土豆粉用裱花袋挤入盘子一角。
- 在土豆粉上放上车厘子和法国香菜即成（图12-64）。

【特点】色彩搭配和谐、立体装饰性强、趣味性强。

图12-63　勿忘我　　　　图12-64　情意绵绵

22. 夏日恋情

【原料】糖艺白糖、食用色素、蓬莱松、巧克力酱、果酱膏。

【工具】糖艺工具、白色盘子。

【制作方法】

- 把糖艺白糖制成红色球形、S形放在盘子的一角。
- 把蓬莱松入盘中点缀，用果酱膏挤上点缀的小花即成（图12-65）。

【特点】色彩搭配和谐、立体装饰性强、趣味性强。

23. 海底世界

【原料】糖艺白糖、食用色素、蓬莱松。

【工具】糖艺工具、白色盘子。

【制作方法】

- 把糖艺白糖制成黄色和红色的热带鱼、珊瑚糖和绿色叶片。
- 把黄色和红色的热带鱼、珊瑚糖和绿色叶片、蓬莱松装入盘中点缀即成（图12-66）。

【特点】色彩搭配和谐、立体装饰性强、趣味性强。

图12-65　夏日恋情　　　　图12-66　海底世界

24. 丰收田园

【原料】糖艺白糖、草莓、巧克力酱、松子、薄荷叶。

【工具】糖艺工具、白色盘子。

【制作方法】

- 把糖艺白糖加入松子制成糖片。
- 把草莓切成两半和薄荷叶、巧克力酱、松子糖片装入盘子一角即成（图12-67）。

【特点】色彩搭配和谐、立体装饰性强、趣味性强。

25. 友谊天长

【原料】糖艺白糖、圣女果、巧克力酱、干橙子片、蓬莱松、果酱膏。

【工具】糖艺工具、白色盘子。

【制作方法】

- 把圣女果用糖艺方法制成造型番茄。
- 把圣女果摆在盘子一角，装饰上巧克力酱、果酱膏、干橙子片、蓬莱松即成（图12-68）。

【特点】色彩搭配和谐、立体装饰性强、趣味性强。

图12-67　丰收田园　　　　图12-68　友谊天长

26. 满园春色

【原料】糖艺白糖、粉红色花瓣、蓬莱松。

【工具】糖艺工具、白色盘子。

【制作方法】

- 把糖艺白糖制成糖丝球形放在盘子的一角。
- 把蓬莱松、粉红色花瓣放入盘中点缀即成（图12-69）。

【特点】色彩搭配和谐、立体装饰性强、趣味性强。

27. **同心协力**

【原料】糖艺白糖、草莓、巧克力酱、薄荷叶。

【工具】糖艺工具、白色盘子。

【制作方法】

- 把糖艺白糖制成网状造型。
- 把草莓切成两半和薄荷叶、巧克力酱、网状糖片装入盘子一角即成（图12-70）。

【特点】色彩搭配和谐、立体装饰性强、趣味性强。

图12-69　满园春色　　　　　　图12-70　同心协力

28. **生机勃勃**

【原料】糖艺白糖、食用色素、巧克力酱。

【工具】糖艺工具、白色盘子。

【制作方法】

- 把糖艺白糖制成绿颈红花造型。
- 把糖艺花和巧克力酱装入盘子一角即成（图12-71）。

【特点】色彩搭配和谐、立体装饰性强、趣味性强。

29. **双色争艳**

【原料】糖艺白糖、食用色素、巧克力酱、蓬莱松。

【工具】糖艺工具、白色盘子。

【制作方法】

- 把糖艺白糖制成绿颈红、白花造型。
- 把糖艺花和巧克力酱、蓬莱松装入盘子一角即成（图12-72）。

【特点】色彩搭配和谐、立体装饰性强、趣味性强。

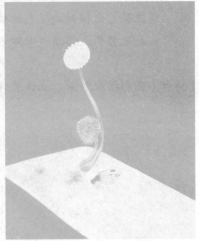

图12-71 生机勃勃   图12-72 双色争艳

30. 紫气东来

【原料】糖艺白糖、食用色素。

【工具】糖艺工具、白色盘子。

【制作方法】

> ● 把糖艺白糖制成绿叶、紫花造型。
> ● 把糖艺花装入盘子一角即成（图12-73）。

【特点】色彩搭配和谐、立体装饰性强、趣味性强。

31. 健康向上

【原料】糖艺白糖、食用色素、果酱膏。

【工具】糖艺工具、白色盘子。

【制作方法】

> ● 把糖艺白糖制成绿色糖片造型放入盘中一角。
> ● 把果酱膏装饰在边上即成（图12-74）。

【特点】色彩搭配和谐、立体装饰性强、趣味性强。

32. 田园春色

【原料】糖艺白糖、食用色素、果酱膏。

【工具】糖艺工具、白色盘子。

【制作方法】

- 把糖艺白糖制成绿色糖柱子造型放入盘中一角。
- 把果酱膏装饰在边上即成（图12-75）。

【特点】 色彩搭配和谐、立体装饰性强、趣味性强。

图12-73　紫气东来

图12-74　健康向上

图12-75　田园春色

参考文献

[1] 罗家良. 新编食品雕刻实用图案集 [M]. 沈阳：辽宁科学技术出版社，2005.

[2] 朱云龙，李顺才. 冷拼雕刻技艺 [M]. 北京：旅游教育出版社，2004.

[3] 周妙林，夏庆荣. 冷菜、冷拼与食品雕刻技艺 [M]. 北京：高等教育出版社，2002.

[4] 朱诚心. 冷拼与食品雕刻 [M]. 北京：中国劳动社会保障出版社，2007.

[5] 范强. 主题果蔬雕刻 [M]. 上海：上海科学普及出版社，2002.

[6] 范强，许晔. 果蔬雕刻部件图说 [M]. 上海：上海科学普及出版社，2005.

[7] 李凯. 食品雕刻精解 [M]. 四川：四川科学技术出版社，2002.

[8] 朱坤鹏. 新果蔬雕 [M]. 沈阳：辽宁科学技术出版社，2007.

[9] 石溪. 新编南瓜雕技法与应用 [M]. 沈阳：辽宁科学技术出版社，2003.

[10] 孔令海. 新编人物雕分布图解 [M]. 沈阳：辽宁科学技术出版社，2004.

[11] 石溪. 新编吉祥雕技法与应用 [M]. 沈阳：辽宁科学技术出版社，2004.

[12] 罗家良. 雕刻技法与围边 [M]. 北京：中国轻工业出版社，2005.

[13] 罗家良. 瓜雕技法 [M]. 沈阳：辽宁科学技术出版社，2006.

[14] 齐雪峰. 瓜雕水果雕切技法 [M]. 沈阳：辽宁科学技术出版社，2005.

[15] 赵惠源. 食品雕刻与冷拼艺术 [M]. 北京：中国商业出版社，1991.

[16] 贺峰. 食品雕刻与实用造型 [M]. 北京：北京科学技术出版社，2004.

[17] 肖强. 肖强雕刻人物篇 [M]. 四川：四川科学技术出版社，2006.

[18] 孔令海. 新编泡沫琼脂冰雕技法与应用 [M]. 沈阳：辽宁科学技术出版社，2003.

[19] 孙庆鑫. 图解新派食品雕刻技艺 [M]. 哈尔滨：黑龙江科学技术出版社，2003.

[20] 李荣江. 琼脂雕实用技法 [M]. 北京：中国轻工业出版社，2006.

[21] 韩晓辉. 新编琼脂雕技法与应用 [M]. 沈阳：辽宁科学技术出版社，2005.

[22] 北京市华天饮食公司. 冷盘集锦 [M]. 北京：金盾出版社，1992.

[23] 朱能军. 烹饪原料加工技术 [M]. 北京：中国劳动社会保障出版社，2001.

[24] 屈浩. 面塑技法与应用 [M]. 北京：中国轻工业出版社，2004.

[25] 石溪. 面雕技法与应用 [M]. 沈阳：辽宁科学技术出版社，2005.

[26] 贺峰. 新编盘头雕饰技法与应用 [M]. 沈阳：辽宁科学技术出版社，2004.

[27] 韩晓辉. 新编琼脂雕技法与应用 [M]. 沈阳：辽宁科学技术出版社，2005.

[28] 柳炳元. 苏绣图案 [M]. 上海：上海人民美术出版社，2004.

[29] 钱贵荪. 速写起步 [M]. 杭州：浙江少年儿童出版社，1992.

[30] 余乐孝. 图案 [M]. 北京：人民教育出版社，1992.

[31] 苏志平. 烹饪美学 [M]. 北京：中国劳动社会保障出版社，2001.

[32] 石景昭. 工艺设计 [M]. 西安：陕西人民美术出版社，1993.

[33] 赵国梁. 酒楼凉菜118例 [M]. 北京：中国纺织出版社，2005.

[34] 张荣春. 冷菜制作与食品雕刻 [M]. 北京：高等教育出版社，1995.

[35] 张占甫. 基础图案步骤规范 [M]. 天津：天津杨柳青画社，1992.

[36] 张定成. 面塑制作教程（含光盘）[M]. 北京：中国轻工业出版社，2009.

[37] 孔令海. 孔令海盘饰围边设计教程（果蔬篇）[M]. 北京：中国轻工业出版社，2011.

[38] 孔令海. 孔令海盘饰围边设计教程（果酱篇）[M]. 北京：中国轻工业出版社，2011.

[39] 施明宽，胡龙. 中国食品装饰艺术——面塑、巧克力、糖粉、糖艺 [M]. 北京：中国轻工业出版社，2013.